安徽现代农业职业教育集团
服务"三农"系列丛书

Miaopu Huahui Zaipei Shiyong Jishu

苗圃花卉栽培实用技术

主　编　张雪平
副主编　贾双双

北京师范大学出版集团
BEIJING NORMAL UNIVERSITY PUBLISHING GROUP
安徽大学出版社

图书在版编目(CIP)数据

苗圃花卉栽培实用技术/张雪平主编. —合肥：
安徽大学出版社，2014.1
(安徽现代农业职业教育集团服务"三农"系列丛书)
ISBN 978-7-5664-0667-5

Ⅰ.①苗… Ⅱ.①张… Ⅲ.①苗圃学 ②花卉—观赏园艺
Ⅳ.①S61 ②S68

中国版本图书馆 CIP 数据核字(2013)第 293740 号

苗圃花卉栽培实用技术

张雪平　主编

出版发行：	北京师范大学出版集团
	安 徽 大 学 出 版 社
	(安徽省合肥市肥西路 3 号 邮编 230039)
	www.bnupg.com.cn
	www.ahupress.com.cn
印　　刷：	中国科学技术大学印刷厂
经　　销：	全国新华书店
开　　本：	148mm×210mm
印　　张：	5.625
字　　数：	149 千字
版　　次：	2014 年 1 月第 1 版
印　　次：	2014 年 1 月第 1 次印刷
定　　价：	12.00 元

ISBN 978-7-5664-0667-5

策划编辑：李　梅　武溪溪	装帧设计：李　军
责任编辑：蒋　芳　李　栎	美术编辑：李　军
责任校对：程中业	责任印制：赵明炎

版权所有　　侵权必究

反盗版、侵权举报电话：0551-65106311
外埠邮购电话：0551-65107716
本书如有印装质量问题，请与印制管理部联系调换。
印制管理部电话：0551-65106311

丛书编写领导组

组　长	程　艺
副组长	江　春　　周世其　　汪元宏　　陈士夫
	金春忠　　王林建　　程　鹏　　黄发友
	谢胜权　　赵　洪　　胡宝成　　马传喜
成　员	刘朝臣　　刘　正　　王佩刚　　袁　文
	储常连　　朱　彤　　齐建平　　梁仁枝
	朱长才　　高海根　　许维彬　　周光明
	赵荣凯　　肖扬书　　李炳银　　肖建荣
	彭光明　　王华君　　李立虎

丛书编委会

主　任	刘朝臣　　刘　正
成　员	王立克　　汪建飞　　李先保　　郭　亮
	金光明　　张子学　　朱礼龙　　梁继田
	李大好　　季幕寅　　王刘明　　汪桂生

丛书科学顾问

（按姓氏笔画排序）

王加启　张宝玺　肖世和　陈继兰　袁龙江　储明星

序

解决"三农"问题,是农业现代化乃至工业化、信息化、城镇化建设中的重大课题。实现农业现代化,核心是加强农业职业教育,培养新型农民。当前,存在着农民"想致富缺技术,想学知识缺门路"的状况。为改变这个状况,现代农业职业教育必然要承载起重大的历史使命,着力加强农业科学技术的传播,努力完成培养农业科技人才这个长期的任务。农业科技图书是农业科技最广博、最直接、最有效的载体和媒介,是当前开展"农家书屋"建设的重要组成部分,是帮助农民致富和学习农业生产、经营、管理知识的有效手段。

安徽现代农业职业教育集团组建于2012年,由本科高校、高职院校、县(区)中等职业学校和农业企业、农业合作社等59家理事单位组成。在理事长单位安徽科技学院的牵头组织下,集团成员牢记使命,充分发掘自身在人才、技术、信息等方面的优势,以市场为导向、以资源为基础、以科技为支撑、以推广技术为手段,组织编写了这套服务"三农"系列丛书,全方位服务安徽"三农"发展。本套丛书是落实安徽现代农业职教育教集团服务"三农"、建设美好乡村的重要实践。丛书的编写更是凝聚了集体智慧和力量。承担丛书编写工作的专家,均来自集团成员单位内教学、科研、技术推广一线,具有丰富的农业科技知识和长期指导农业生产实践的经验。

丛书首批共 22 册,涵盖了农民群众最关心、最需要、最实用的各类农业科技知识。我们殚精竭虑,以新理念、新技术、新政策、新内容,以及丰富的内容、生动的案例、通俗的语言、新颖的编排,为广大农民奉献了一套易懂好用、图文并茂、特色鲜明的知识丛书。

深信本套丛书必将为普及现代农业科技、指导农民解决实际问题、促进农民持续增收、加快新农村建设步伐发挥重要作用,将是奉献给广大农民的科技大餐和精神盛宴,也是推进安徽省农业全面转型和实现农业现代化的加速器和助推器。

当然,这只是一个开端,探索和努力还将继续。

安徽现代农业职业教育集团

2013 年 11 月

前　言

随着农业产业结构的调整,花卉生产成为了新兴的、非常具有发展前途的产业。十八大报告中把生态文明建设放在了突出位置,而大力发展花卉产业正是生态文明建设的一项重要内容。目前,安徽各地已形成了许多具有一定规模的苗圃花卉种植基地和销售市场,苗圃花卉种植面积稳步增长,年产值得到进一步提高。但产业发展中存在着苗木多、花卉少,粗放种植多、精细栽培少等问题,亟需政策的引导和技术的支持。

为扎实推进安徽现代农业职业教育集团工作,切实为"三农"做好服务,我们组织相关教师编写了《苗圃花卉栽培实用技术》。本书的编写旨在推广花卉生产技术,提高花卉产品质量。随着新农村建设的推进和花卉业的发展,花卉市场逐步扩大,苗圃花卉基地在各地兴建,本书的出版将有助于农民进一步掌握常见苗圃花卉的生态习性、栽培管理的办法、繁殖方法和经济价值等基本理论知识,希望能为发展花卉市场、促进农民增收贡献微薄之力。

由于编写时间较为仓促,编者水平有限,书中不足之处在所难免,希望广大读者批评指正。

编　者

2013 年 11 月

目　录

第一章　花卉产业概况 … 1
一、花卉和苗圃的概念 … 1
二、苗圃花卉的应用 … 4
三、花卉产业的效益 … 5
四、我国花卉产业发展简史 … 6
五、我国花卉产业的现状与发展前景 … 10

第二章　苗圃的建设 … 15
一、花卉市场调查与预测 … 15
二、场地的选择 … 17
三、市场定位 … 22
四、苗圃的总体规划与发展计划 … 24

第三章　苗圃花卉的繁殖技术 … 34
一、播种繁殖 … 34
二、营养繁殖 … 40
三、组织培养繁殖 … 50

第四章　苗圃花卉的栽培技术 … 53
一、露地栽培 … 53
二、容器栽培 … 55

三、无土栽培 …………………………………………… 59
　　四、水培花卉 …………………………………………… 68

第五章　苗圃花卉的养护管理 …………………………… 72
　　一、水分管理与保水技术 ……………………………… 72
　　二、施肥技术 …………………………………………… 74
　　三、修剪与整形 ………………………………………… 78
　　四、花期调控技术 ……………………………………… 81

第六章　苗圃花卉的保护 …………………………………… 86
　　一、苗圃花卉保护的内容与方法 ……………………… 86
　　二、病害识别与防治 …………………………………… 90
　　三、虫害识别与防治 …………………………………… 104
　　四、苗圃杂草的防除 …………………………………… 108

第七章　苗圃花卉的出圃 …………………………………… 115
　　一、花卉产品等级与出圃标准 ………………………… 115
　　二、出圃前调查与起苗 ………………………………… 117
　　三、分级与检疫 ………………………………………… 119
　　四、包装与运输 ………………………………………… 120
　　五、假植与储藏 ………………………………………… 122

第八章　苗圃花卉的销售 …………………………………… 123
　　一、常规销售 …………………………………………… 123
　　二、网络销售 …………………………………………… 125

第九章　各类苗圃花卉栽培实用技术 …………………… 126
　　一、露地苗圃花卉 ……………………………………… 126
　　二、温室苗圃花卉 ……………………………………… 147

参考文献 ……………………………………………………… 169

第一章
花卉产业概况

我国花卉栽培历史悠久,为人类历史文化的发展做出了不可磨灭的贡献,被誉为"世界园林之母"。我国的观赏植物资源在世界园林及庭院建设中发挥着举足轻重的作用。

随着改革开放的不断深入和国民经济持续稳定的发展,花卉不仅作为传统的庭院栽培用于观赏,而且已发展成为一种产业,是人类生存和发展的环境建设的重要组成部分。花卉是美的象征,也是社会文明进步的标志,随着物质生活水平的不断提高,人们对花卉的栽培和欣赏还会提出更高的要求。因此,花卉的培育与生产应跟上时代的步伐,推陈出新,优化产业结构,以满足广大人民群众的需求。

一、花卉和苗圃的概念

1.花卉的概念

花卉,观赏植物的同义词,即具有观赏价值的草本和木本植物。

在"花卉"的字意中,"花"原是指种子植物的繁殖器官,后来引申为开花植物的代称;"卉"是各种草(多指供观赏的)的统称。因此花卉常被误认为是草本植物。"花卉"二字联用,在《梁书·何点传》中有"园内有卞忠贞冢,点植花卉于冢侧"的记载。但在此后的中国古文献中,"花卉"二字联用较少。日本现代园艺著作也多参考中国古代有关典籍,延用中国古代的园艺学名词,如在1698年日本出版的《花谱》中,出现"花卉"一词。20世纪30年代,日本"花卉园艺学会"一词传入我国后,逐渐被我国的园艺工作者普遍接受和广泛使用。"花卉"一词的日文含义是指"草本、木本观赏植物"。从此以后,"花卉"一词就有了不同的含义。

在园林行业以及许多人的观念中,狭义的"花卉"是指有观赏价值的草本观花植物和观叶植物(木本观赏植物归为观赏树木)。广义的"花卉"泛指能开花供观赏的草本与木本植物。

随着人类生产力水平的提高、科学技术的不断进步、国际文化艺术的相互交流与渗透,"花卉"涵盖的范围也在不断扩大。现代花卉园艺学把千姿百态、花色丰富、气味芳香的观赏植物统称为"花卉"。由此,"花卉"的含义更加广泛,不仅包含开花植物,而且包含各种观赏植物。凡是具有一定观赏价值,并经过一定技艺进行栽培管理和养护的植物,观花的(如月季、牡丹等)、观叶的(如蕨类、吊兰等)、观芽的(如银芽柳等)、观茎的(如紫竹、斑竹、红瑞木等)、观果的(如佛手、观赏西葫芦等)、观根的(如水杉、木棉等)、观赏姿态的(如盆景、根雕等)、欣赏花香的(如茉莉、兰花等)植物都可称为"花卉"。从低等植物到高等植物,从水生植物到陆生植物、气生植物,从匍匐地面的植物到高大直立的植物,从草本植物到木本植物都包括在"花卉"范围之中。温室中盆栽观赏的灌木、果树现在也被纳入了更加广义的"花卉"概念中。花卉,即观赏植物,指姿态秀丽、色彩鲜艳、香味浓郁的观花、观叶、观形、观景的草本植物、灌木及小乔木。

2. 苗圃的概念

(1)苗圃的概念及分类　苗圃是通过无性繁殖、有性繁殖或其他途径生产各种苗木(果树苗木、观赏植物苗木和森林树种苗木)的园地。

根据苗圃生产苗木的种类和用途的不同,可以把苗圃分为高等

第一章 花卉产业概况

苗圃、专门苗圃和森林苗圃3种。

高等苗圃主要是培育果树灌木、观赏植物和一般灌木树种的苗圃。

专门苗圃是用专门培育技术培育一种或几种苗木的苗圃，如专门培育果树和蔷薇嫁接砧木的苗圃。

森林苗圃主要是培育一至三年生的播种苗、经过一次移栽的移植苗、插条苗或插条以及未经人工选育的野生种的苗圃。

(2)园林苗圃的概念 园林苗圃是繁殖和培育苗木的基地。其任务是用先进的科学技术，在较短的时间内，以较低的成本，根据市场需求，培育各种类型、规格、用途的优质苗木，以满足城乡绿化所需。

改革开放以来，我国社会主义事业飞速前进，经济迅速发展，人们生活水平显著提高，同时，人们对城乡绿化、环境建设提出了更新、更高的要求，而苗木是城乡绿化、美化的主要材料，是生态园林景观建成的基本保证。苗木由苗圃来培育，因此，必须拥有一定数量、一定规模的苗圃作为生产、供应苗木的基地。在此形势下，近年来我国各地苗圃如雨后春笋般迅猛发展，花木重镇纷纷涌现，如浙江的萧山、山东的李营、江苏的颜集……不少地方已把苗木产业作为实现经济跨越性发展的支柱产业，规模超百亩、上千亩的园林苗圃比比皆是，甚至上万亩的苗木示范基地亦不罕见。

(3)花卉苗圃的概念 花卉苗圃就是繁殖和培育花卉苗木的基地。花卉苗圃是城市绿化最基本、最重要的基础设施，没有花卉苗圃就不能培育出供城市绿化用的优质花苗，城市绿化也就无从谈起。当然，仅有一般的花卉苗木还不够，还必须要有一定质量、数量的不同品种的花卉苗木。一个城市绿化的水平，或者说一个城市的市容市貌，主要取决于当地花卉苗圃所生产的花卉苗木的种类、质量和数量。由此可见，花卉苗圃在城市绿化中具有非常重要的作用。

二、苗圃花卉的应用

1. 苗圃花卉是城乡园林绿化的重要材料

人类的生活和生产活动对覆盖地表的绿色植物造成了严重的破坏,引起生态平衡失调,导致各种各样自然灾害频频发生。人类逐渐认识到,大力推行园林绿化,植树造林,从而改善和恢复自身的生存条件,已刻不容缓。

花卉是绿色植物,具有绿色植物共有的调节空气的温度、湿度和各种成分,吸收有害气体,吸附烟尘,防止水土流失等功能。色彩绚丽的花卉还有美化环境的作用。在普通绿化的基础上,栽植丰富多彩的花卉,犹如锦上添花。所以花卉具有一定的环境效益。

2. 苗圃花卉是人类精神文化生活中不可缺少的内容

观赏花草能使人精神焕发,消除疲劳,以充沛的精力和饱满的热情投入到工作中去。仅以观花植物而论,有的花型整齐,有的花型奇异;有的花色艳丽,有的花色淡雅;有的花朵芬芳四溢,有的花朵幽香盈室;有的花姿风韵潇洒,有的花姿丰满硕大。千变万化,美不胜收,更有多种观叶、观果、观茎的种类,都给人以美的享受。

3. 苗圃花卉生产是国民经济的组成部分

栽培花卉不仅具有一定的社会效益和环境效益,而且还有巨大的经济效益。近年来花卉业以前所未有的速度发展,究其原因,首先是人们认识到花卉是有价值的商品,其次是花卉消费的增长促进了花卉的生产。在我国,花卉逐渐成为出口创汇的支柱产品之一。

4. 苗圃播种有利于培育花卉壮苗,减少病虫害

花卉幼苗个体较小,占地空间小,采用苗圃播种,集约化管理,便

于创造适宜幼苗生长发育的环境条件,可防止自然灾害和不良环境条件的影响,有利于培育壮苗和减少病虫害。

5.苗圃培育花卉可以使花卉提早开花,均衡市场供应

通过人为创造有利的条件,如利用温室条件,调节光照和温度,可以提早播种,以解决生育期长与无霜期短的矛盾,从而使花卉提早开花,提前上市,以调控花卉观赏期,获得较高的利润,并能均衡花卉市场的供应。

三、花卉产业的效益

1.社会效益

花卉能丰富人们的生活,促进人们的身心健康。花卉是一种美的象征,它体现着人们的精神文明。人们往往把它作为美好、幸福、吉祥、友谊的象征。在婚宴、寿辰、宴会、探亲访友、看望病人、迎送宾客、庆祝节日及国际交往活动等场合,花卉常被用作相互赠送的礼物。

花卉是环境色彩的来源,也是季节变化的一种标志。它的姿色、风韵与香味都给人以美的享受,既能反映大自然的天然美,又能反映人类独具匠心的艺术美。我国历代文人常把花卉人格化,如荷花出污泥而不染,梅花清洁孤傲,兰花高古雅逸,牡丹富贵,紫薇和睦等。

花卉不仅能起到装饰美化的作用,而且具有教育意义。奇花异草,变化万千,人们在欣赏之余,还能增进对大自然的了解,增长科学知识。

2.生态效益

花卉是园林绿化、环境美化和香化的重要材料。在园林绿化中,花卉是用来布置花坛、花境、花台和花丛等的重要材料,对环境起到

绿化、美化和香化的作用。它可以创造优美的工作、休息环境，使人们在生活之中、劳动之余得以欣赏自然，有助于促进人们的身心健康，达到为人们生活和生产服务的目的。

在花坛、草坪及地被植物所覆盖的地面，花卉不仅绿化、美化了环境，还起到了防尘、杀菌和吸收有害气体等卫生防护作用。大面积的土地被植物覆盖，可以防止水土流失，保护土壤。

3.经济效益

花卉生产是一种重要的商品生产，花卉业是一种具有广阔前景的产业。花卉生产不仅能直接满足人们对于切花、盆花、球根、种子以及室内观叶植物的需要，还可以出口换取外汇。例如：花卉业是荷兰的支柱产业，荷兰是世界上最大的花卉生产出口国，它生产的球茎花卉世界闻名，特别是其国花"郁金香"，品种有8000余种。现在，人们一提到荷兰，就会想到"郁金香"。

花卉除了用于观赏外，还具有多方面的价值。例如：牡丹、芍药、桔梗、牵牛、麦冬、百合、贝母、石斛、白芨、菊花、凤仙花等，均为重要的药用植物；晚香玉、小苍兰、桂花、玫瑰、茉莉、栀子、白兰花等，均为重要的香料植物；很多山茶属植物的种子可榨油；荷花、百合等可食用。此外，还有许多花卉可用作工业原料或植物色素等，是不可缺少的天然资源之一。

另外，花卉业的发展，也会带动其他相关产业如陶瓷工业、塑料工业、玻璃工业、化学工业、包装运输业、旅游业等的发展。

四、我国花卉产业发展简史

我国花卉栽培历史极为悠久，几乎贯穿了我国历史发展的全过程。在浙江余姚河姆渡新石器文化遗址的发掘中，获得一块刻有盆栽植物花纹的陶块。可见，花卉栽培应当有7000多年的历史。据宋代虞汝明《古琴疏》记载："帝相元年，条谷贡桐、芍药，帝命羿植桐于云和,命武罗柏植芍药于后苑。""相"为夏代第五个王,他命部下种植芍药的传说,证明4000多年以前已经开始栽培芍药。《诗经·郑风》有"溱与洧,方涣涣兮!士与女,方秉蕳兮……维士与女,伊其相谑,赠之以勺药"的诗句。蕳即兰花,勺药即如今的芍药。这段话的意思是,当溱水、洧水解冻的时候,青年男女都到岸边去采集兰花,他们彼此相爱,临别之际赠给对方一束芍药花。这说明距今3000多年到2500年的西周至春秋时代,已有栽培应用花木的习惯。

战国时期(公元前475年—前221年),屈原的《离骚》中有"朝饮木兰之坠露兮,夕餐秋菊之落英"的诗句,说明木兰与菊花已成为观赏植物。

秦汉时期(公元前221年—公元220年),据《西京杂记》记载,"初修上林苑,群臣远方各献名果异树"共2000余种,其中梅花即有猴梅、朱梅、紫花梅、同心梅、胭脂梅等许多品种。

魏晋南北朝时期(公元220年—581年),西晋崔豹《古今注》中写有"芙蓉,又名荷华,生池泽中,实曰莲",从中可以看出以观赏为目的的莲花已经出现。到南朝萧齐武帝时,已有佛前供荷花的记载,这可以看作是我国插花艺术的开端。晋代的《南方草木状》记载岭南各种奇花异木约80种,此时茉莉、素馨已从波斯、印度等地传入我国。《魏王花木志》是我国较早的一部关于花卉的专著,书中写道:"山茶似海石榴,出桂州。"北魏贾思勰《齐民要术》中记载的花木栽培技术已达到一定水平,如桃、梅、李、杏的移栽方法,"凡栽一切树木,欲记其阴阳,不令转移",还提到木瓜的压条、石榴的扦插和梨树嫁接技术等。这说明魏晋南北朝时期,花卉繁殖栽培的主要技术已经被大众所掌握,为以后花卉业的发展奠定了基础。

隋唐五代时期(公元581年—960年),花卉种植业已有较大的发展,帝王国苑花卉栽培规模很大。隋炀帝继位后,曾役使数万人在洛阳营造西苑,"周二百里,并收集海内佳木异草、珍禽奇兽,以充实苑圃。吴郡送扶劳(扶芳藤)二百本,敕西苑种之"。唐开元年间,御苑沉香亭前栽有木芍药（牡丹），"一枝并生二花，朝则深红，午则深碧，夕则深黄，夜则粉白"，可见这时牡丹已有栽培并出现优良品种。由于受帝王园苑影响，当时社会上种花、赏花之风盛行。唐宰相李德裕将产自南方的桂花、海棠、木兰、山茶、紫丁香、四时杜鹃、紫菀等花木约70种引种到洛阳郊外的别墅平泉庄，并著有《平泉山居草木记》。除帝王、贵族广植花木外，有的地方种花达到"家家有芍药"、"四邻花竞发"的地步。《全唐诗》中司马扎的《卖花者》中有"少壮彼何人，种花荒苑外，不知力田苦，却笑耕耘辈；当春卖春色，来往经几代，长安甲第多，处处花堪爱"的诗句，可见当时已有几代专以种花为业的花农出现。他们靠肩挑手提进城出售花卉，使唐代花市应运而生。花卉种植技术、品种培育技术、嫁接技术也有了较大程度的提高，同时出现了温室花卉栽培，从唐代王建的诗"太仪前日暖房来，嘱向昭阳乞药栽，敕赐一窠红踯躅，谢恩未了奏花开"中可以看出，杜鹃花因在温室栽培而提前开放。隋朝农书多数失传，因此，当时的种花经验没有很好流传下来。

宋元时期（公元960年—1368年），宋代花卉业出现空前的繁荣，当时栽培的花卉种类已达200多种，南宋都城临安（今杭州）有"花卉行"、"花朵市"、"官巷花市"，花卉已成为重要商品。当时菊花盛放时还搭花塔进行展销，这可能是我国最早的菊展。据《梦粱录》记载，在钱塘门外溜水桥边，"有东西马塍诸圃，皆植怪松异桧，四时奇花，精巧窠儿，多为龙蟠凤舞，飞禽走兽之状"。除京城花卉繁盛外，扬州所产芍药为天下之冠，据孔武仲《芍药谱》记载，当时扬州芍药栽培数量众多，名品涌现，以致四方之客纷纷前往引种。两宋时期，关于花卉栽植技艺的著作有30多种。周师厚的《洛阳花木记》，记载花木200多种，牡丹100多个品种，芍药40多个品种。范成大的《桂海虞衡志》记载广西等地花木40多种，他同时还著有《范村菊谱》、《范村梅谱》等。欧阳修的《洛阳牡丹记》、陆游的《天彭牡丹谱》、王观的《扬州芍药谱》、刘蒙的《刘氏菊谱》、赵时庚的《金漳兰谱》、王贵学的《王氏

第一章 花卉产业概况

兰谱》等也都是重要的花卉著作。

宋代花卉栽培技术的发展也较全面,如植树方面,当时强调种一切树木,"根向南,栽亦向南";移树不能伤根,"须宽掘土封,不可去土,以免伤根"。芍药繁殖已有播种、根插、分株等方法。随着花木嫁接技术的进一步推广,各地出现了一些嫁接能手,如洛阳有一著名的接花工,"复姓朱门,人称他为门园子,豪家无不邀之"。当时梅花、海棠、茶花等均采用嫁接方法培育。北宋温革的《分门琐碎录》最早提到菊花的促成栽培法:"菊花大蕊未开,逐蕊以龙眼壳罩之;至欲开时,隔夜以硫磺水灌之,次晨去其罩即大开。"范成大在《范村梅谱》中提到,于冬初折未开梅枝安置浴室中,经热气熏蒸一段时间,可提前开花。

元代由于战争频繁,无暇顾及花卉生产,花卉生产趋于低落。但菊花栽培还很盛行,杨维桢《黄华传》记载,菊花当时已有163个品种,种植区域由江南扩展至甘肃平凉一带。

明清时期(公元1368年—1911年),花卉栽培遍及全国,许多地方成为著名的花卉产区。据《析津日记》记载:"明初京师丰台栽培芍药甚盛,花时日销万余茎。"《帝京景物略》记载,明中叶,北京右安门外南十里草桥,居人以种花为业:"都人卖花担,每辰千百,散入都门。"牡丹原盛产于洛阳,明代栽培中心渐移于山东曹州和安徽亳州等地,据谢肇淛《五杂俎》记载:"濮州曹南一路,百里之中,香气迎鼻,盖家家圃畦中俱植之,若蔬菜然。"苏杭一带盛栽茉莉、玫瑰,据文震亨《长物志》记载:"茉莉花时,千艘俱集虎丘,故花市初夏最盛。"明代苏州虎丘已形成一定规模的茉莉花集市。明代杭州盛产玫瑰,杭州人常在采摘玫瑰后,加上龙脑、麝香等香料,与玫瑰花一起放在布袋里制成香囊。玫瑰花还被用作食品的芳香剂,用于窨制花茶。到了乾隆年间,江浙一带逐渐成为兰花栽培中心,上海、苏州、嘉兴等地花卉颇盛。"每当兰蕙含苞时,江浙山民皆储竹篓,运销吴门、申江花市,或以堂花法处理,新年售以簪鬓,每年上海可销二三千篓,大篓有

· 9 ·

花二三千蕊,小篓五六百蕊。"另据乾隆《福建通志》记载:"福建各府皆产杜鹃,花有深红、浅红、紫色之分。漳州、泉州盛产水仙。"光绪《江西通志》提到,茉莉"赣产皆常种,业之者以千万计,舫载江湖,岁食其利"。《广东新语》曾描写:"广州城西九里之花田,尽栽茉莉与素馨。"有的地区,素馨栽培面积甚至超过百亩,当地花市的生意十分兴隆。

总之,明清时期花卉业有了很大发展,传统的花卉种植技艺更趋于完善。然而花卉业因社会经济的发展而发展,也因社会经济的衰落而衰落。在进入晚清以后,近现代(公元1840年—1949年)由于政府的腐败,赋税繁重,加上帝国主义入侵中国,战乱、灾荒时有发生,导致花卉业也日趋萧条。西方植物学家深入我国西南地区,采掘了大量珍稀花卉种苗、球根运往欧美,使得我国丰富的花卉资源大量外流。在这一时期,只有极少数城市的花卉业仍有一定的保存和发展,但整体上我国的花卉事业处于停滞和衰退状态。

五、我国花卉产业的现状与发展前景

1. 我国花卉产业的现状

我国的花卉业尽管曾经受过种种挫折,但总的来说是向前发展的。

1958年,党中央提出"改造自然环境,逐步实现大地园林化,种植观赏植物,美化全中国"的号召后,全国各地园林部门把群众的积极性调动起来,兴建公园,绿化、美化街道绿地,使得以观赏为目的的花卉生产得到进一步发展。1959年,为迎接建国十周年,实现"百花齐放,满园春色"的盛况,各地园林工作者大胆开展科学研究,经过多方试验,终于在国庆时实现了百花盛开的愿望,这充分说明我国花卉科研水平有了进一步的提高。

1984年,我国成立了第一个全国性的花卉组织——"中国花卉

第一章 花卉产业概况

协会",它担负着协调各方面的力量,研究我国花卉生产的发展方向和布局,组织各地花卉生产、流通和经销,建立重要花卉生产基地,疏通产供销、内外贸部门关系,组织技术培训等工作的重任。我国花卉生产从以观赏为目的的传统栽培方式向商品化生产发展,全国花卉生产出现了前所未有的好势头。各地花卉生产面积稳步扩大,同时,各地积极调整花卉产业结构,注重社会经济效益,形成规模化生产。如广东省根据花卉市场需求,采用多元化、专业化、集约化的方式生产适销产品。广东省的许多花场以生产北方园林需要的桂花、白兰、橡皮树等花木为主。广州市花卉科研生产基地等单位,以生产室内观叶花卉为主。广州著名的花乡芳村等以生产菊花、唐菖蒲、月季等切花为主。顺德县陈村以生产兰花驰名中外。花卉的规模化生产使广东省花卉业居全国首位。另外,上海市也建立了大规模的花卉专业批发市场。上海的花卉生产逐步形成生产、科研、销售一体化局面,使上海在花卉生产方面处于全国领先水平。一些起步相对较晚、但有一定基础和实力的省市,近些年花卉产业也发展得很快。云南省为花卉产业后起之秀,利用当地自然条件优势建立了全国最大的鲜切花生产基地,居全国首位。除此之外,北京、浙江、山东、辽宁、甘肃等省区的花卉产业也有很大发展。

2. 世界花卉产业概况

近年来,世界花卉消费与出口额迅速增长。商品化花卉生产始于20世纪初期,近数十年才得到快速发展,出口的花卉主要有月季花、香石竹、菊花、郁金香、百合、小苍兰、鹤望兰、满天星、洋兰以及其他各种观叶、观花、观果的盆栽植物,还有球根类花卉的种球、草坪种子等。

花卉业迅速发展的原因:首先,市场需求量大,经济效益高。以美国为例,小麦每亩年收入约86美元,棉花每亩年收入约300美元,而杜鹃花每亩年收入达14000美元;意大利的水果每公顷年收入为

500万～600万里拉，蔬菜每公顷年收入为700万～800万里拉，而切花每公顷年收入为5000万～6000万里拉。其次，花卉生产促进了花卉销售，带动了花肥、花药、栽花机具以及花卉包装、储运业的发展。再次，花卉业的发展也促进了食品产业、香料产业、药材产业的发展。如丁香、桂花、茉莉、玫瑰、香水月季等常用以提取天然香精，红花、兰花、米兰、玫瑰等可用作食品香料，芍药、牡丹、菊花、红花等都是著名的中药材。最后，举办各种花卉博览会或花卉节，以花为媒，吸引游人，能推动旅游业的发展。

世界花卉生产的特点如下：

(1)花卉生产的区域化、专业化 在最适宜地区生产最适宜的花卉，以起到事半功倍之效。如荷兰主要生产香石竹、郁金香和月季花，哥伦比亚主要生产香石竹、月季花、大丽花，以色列主要生产月季花、香石竹，日本主要生产百合花和菊花，丹麦主要生产观叶植物。这样既有利于栽培技术的提高，也便于商品化生产。

(2)花卉生产的现代化 花卉生产的现代化包括耕作灌溉和化肥农药施用的机械化，栽培环境的自动调控，立体种植技术等。

(3)花卉产品的优质化 引进各种良种，运用选育手段，使供生产的品种保持优质，保证品质纯正，从而使产品畅销不衰。

(4)花卉生产、经营、销售的一体化 鲜花是生命有机体，为了保持新鲜状态，应减少中间环节，尽快到达消费者手中。所以必须使栽培、采收、整理、包装、贮藏、运输和销售各个环节紧密配合，形成一个整体，以减少可能产生的损失。

(5)花卉的周年供应 花卉消费虽然因季节不同而有差异，如节假日会出现旺季，但平时也有各种不同的需求，因此作为销售者应备有各种不同品种的花卉，以满足不同消费者的需求。

3.我国花卉产业展望

花卉产业已逐渐成为世界新兴产业之一。如将我国丰富的花卉

第一章 花卉产业概况

资源都转化为商品,就会变成一笔巨大的财富。

近年来我国各地在花卉种质资源考察中发现和搜集到一批观赏价值高的植物,其中有的可以直接引种,有的需经驯化,有的可作为培育新品种的亲本。这一基础性调查研究工作的成果,已引起有关人士的关注,势将为花卉产业的发展做出新的贡献。

科学技术就是生产力,这一真理已逐渐成为人们的共识。为了提高我国花卉科研水平,国家设立了全国性花卉研究机构,各省市也多设有相应的机构。为了提高花卉产品的质量,增加新的品种,可采用新技术、新设备、新手段,如多倍体单倍体育种、一代杂种的利用、辐射育种、组织培养等。对花卉品种的选择,从重视花色、花型、株型等,转向重视花卉的环境适应能力、交流运输性、抗病性等方面。

花卉生产还应扬长避短,实行区域化、专业化、工厂化、现代化管理,有计划有步骤地发挥自身优势,形成特色,建立种植基地,形成花卉产业,为花卉进入国内和国际市场创造条件。除大力发展名花外,对切花和室内植物应给予重视,适宜在我国栽培的外国花卉品种,也应积极引种。

建立花卉生产基地和农贸联合体。花卉种类繁多,要求的生育条件各异,因此选择适宜地区,建立某种花卉的生产基地是发展花卉生产的重要措施,可收到事半功倍的效果。开展经营种子、育苗设施、容器、机具、花肥花药以及花卉保鲜、包装、贮藏、运输等一整套业务,使各个环节相互协调配合,对促进花卉业的发展将会产生积极的作用。

科学技术转变为生产力的中心环节就是科技的推广普及工作。商品化生产,既要一定的数量,又要保持整齐一致的高质量。若没有现代科技的运用和现代化设备的武装,将很难完成这一任务。因此还应提高种植者、经营者以及爱好者的科技水平,利用各种宣传媒体,如电台、电视台和报刊,宣传普及花卉栽培管理和经营的基本知识和操作方法,以适应花卉商品化生产的要求。同时有必要建立信息咨询服务机构,掌握国际国内花卉生产和市场的信息,大力发展适销对路的切花、盆花、种苗、种球、盆景和干花生产,并通报气象变化情况、病虫害发生发展的规律及防治方法、种子种苗的流通和农药化肥的供销情况,为花卉生产提供服务。

总之,随着国民经济的发展,只有利用各种有利条件,抓住机遇,认真对待,我国花卉事业才能得到快速的发展。

4. 世界花卉产业的发展趋势

(1)切花的市场需求逐年增加 国际市场对月季花、菊花、香石竹、满天星、唐菖蒲、六出花和相应的配叶植物,以及球根类的种球、小型盆景和干花的需求有逐年增加的趋势。

(2)扩大面积,转移基地 随着花卉需求量的增加,世界花卉栽培面积也在不断扩大。为降低生产成本,荷兰等园艺生产强国正将其生产基地向世界各处转移。这样就能在世界上一些环境条件适宜、劳动力成本低廉的地区,充分利用当地丰富的自然热能,结合世界先进生产技术和优良品种发展花卉生产。如哥伦比亚、新加坡、泰国等已成为新兴花卉生产和出口大国。

(3)观叶植物发展迅速 随着城镇高层住宅的修建、室内装饰条件的提高,室内观叶植物越来越受到人们的喜爱。这类植物喜阴或耐阴,常见的有豆瓣绿、酢浆草、秋海棠、花叶芋、龟背竹、花烛、姬凤梨、绿萝、鸭跖草、文竹、吊兰、朱蕉、玉簪、肖竹芋、竹芋等。

(4)野生花卉的引种 为了丰富花卉的种类,通过对种植资源的调查,将观赏价值高的野生花卉直接引种栽培,或用作育种亲本,乃是一种培育新种的既快又好的方法。

(5)研究培育开发新品种 利用各种有效的手段,培育生产型的新品种,以满足各种不同的需求。

第二章 苗圃的建设

一、花卉市场调查与预测

"凡事预则立,不预则废",园林苗圃要在激烈的市场竞争中求生存、谋发展、获效益,就必须调查和预测苗木市场,以准确把握苗木市场的需求和变化。

1. 花卉市场调查

花卉市场调查,即运用科学的方法和手段,系统地、有目的地收集、分析和研究有关市场对花卉的供求的信息,并依据具体的市场情况,作出预测,提出建议,为花卉营销决策者提供参考。

(1)花卉市场调查的主要内容 花卉市场调查包括市场环境调查、市场需求调查、消费者和消费行为调查、苗木产品调查、价格调查、竞争对手调查等。

①市场环境调查。市场环境调查主要指对市场环境的政治、经济、文化等方面的调查。

②市场需求调查。市场需求调查主要调查市场对某类苗木的最大和最小需求量、现有和潜在的需求量,不同地域的销售良机和销售潜力等。

③消费者和消费行为调查。消费者和消费行为调查主要包括消

费水平调查、消费习惯调查等。

④苗木产品调查。苗木产品调查主要调查消费者对苗木质量、规格、性能等方面的评价反映。

⑤价格调查。价格调查主要调查消费者对苗木价格的反应,老花卉品种价格如何调整,新花卉品种价格如何定价等。

⑥竞争对手调查。竞争对手调查主要调查竞争对手的数量、分布及其基本情况,竞争对手的竞争能力,竞争对手的花卉特性分析等。

除上述调查内容外,还有销售渠道调查、销售推广调查以及技术发展调查等。

(2)花卉市场调查的方法 花卉市场调查的方法主要有询问法、观察法和实验法。

①询问法。询问法是指调查者根据调查事项,采用走访、书信、电话和网络等方式,获取相关信息的方法。

②观察法。观察法是指调查者依据调查事项,直接到苗圃或花卉市场现场进行观察,或用仪器进行记录、拍摄,以搜集所需资料的方法。

③实验法。调查者从影响产品的各种因素中,选出某些因素,将其置于一定条件下,进行小规模实验,然后对结果进行分析研究,决定产品是否值得大批量生产。例如,某苗圃向市场投入少量某种花苗新品种,进行实验销售,视其实验结果决定生产规模,就属于这一调查方法。

2.花卉市场预测

花卉市场预测是在市场调查的基础上,运用科学的方法,对苗木的供求趋势和变化状态作出推断和估计。这对花卉苗圃的市场营销活动起着重要的作用。

(1)预测程序 预测程序分为准备阶段、预测阶段、评价和检验阶段。

①准备阶段。准备阶段的工作主要包括明确预测的目的和要求，确定预测项目和内容，拟定调查提纲，选择预测方法，规定调查时间和范围等。

②预测阶段。预测阶段的工作主要包括实地市场调查，搜集和整理资料，开展市场研究，分析市场变化规律，对市场进行定性、定量、定时分析。

③评价和检验阶段。评价和检验阶段的工作主要包括对各种预测结果进行综合分析、判断、跟踪观察，如有新的情况及时修订预测值，找出预测误差，分析产生的原因等。

(2)预测方法　预测方法主要分为两类，即定量预测和定性预测。定量预测是运用数学手段进行预测的方法，适用于那些可以进行定量分析的事物。定性预测则主要借助于调查、既往经验、直观分析等手段，对事物的未来发展作出预测。定性预测的结果取决于人们的经验分析，因而不易提供准确的数据。但是花卉市场预测实际上总是受到诸如经济形势、政府政策、用户心理、兴趣爱好等许多非定量因素的影响，而这种影响，一般很难用定量的方法来描述，所以，定性预测方法仍不失为一类有用的方法。

常用的定性预测方法主要有集合意见法和市场综合调查法。

①集合意见法。将有关人员和专家商讨市场趋势的看法集中起来，预测市场变化的方法，称"集合意见法"。通常采用座谈、询问等形式搜集有关市场资料。

②市场综合调查法。它是依据有关市场的多方面综合资料，进行分析研究，推断未来市场趋势的调查法。其资料多数是通过典型调查、抽样调查、专题调查等方法获得的。

二、场地的选择

花卉苗圃建设是城市绿化建设的重要组成部分，是确保城市绿化质量的重要条件之一。为了以最低的经营成本,培育出符合城市绿化建设要求的优良花卉苗木,在进行花卉苗圃建设之前,需要对其经营条件和自然条件进行综合分析。

1. 花卉苗圃的经营条件

(1)交通条件建设 花卉苗圃要选择交通便利的地方,以便于苗木的出圃和育苗物资的运入。在城市附近设置苗圃,交通都相当方便,应主要考虑在运输通道上有无空中障碍或低矮涵洞,如果存在这类障碍,必须另选地点。乡村苗圃(苗木基地)距离城市较远,为了方便快捷地运输花卉苗木,应当选择在等级较高的省道或国道附近建设苗圃,过于偏僻和路况不佳的地方不宜建设花卉苗圃。

(2)电力条件 花卉苗圃所需电力应有保障,在电力供应困难的地方不宜建设花卉苗圃。

(3)人力条件 培育花卉苗木需要劳动力较多,尤其在育苗繁忙季节,需要大量临时用工。因此,花卉苗圃应设在靠近村镇的地方,以便于调集人力。

(4)周边环境条件 花卉苗圃应远离工业污染源,防止工业污染对花卉苗木生产产生不良影响。

(5)销售条件 从生产技术观点考虑,花卉苗圃应设在自然条件优越的地点,但同时也必须考虑花卉苗木供应的区域。将苗圃设在花木需求量大的区域范围内,往往具有较强的销售竞争优势。即使苗圃自然条件不是十分优越,也可以通过销售优势加以弥补。因此,应综合考虑自然条件和销售条件。

2. 花卉苗圃的自然条件

(1)地形、地势及坡向 花卉苗圃应建在地势较高的开阔平坦地带,便于机械耕作和灌溉,也有利于排水防涝。圃地坡度一般以 $1°\sim3°$ 为宜,在南方多雨地区,选择 $3°\sim5°$ 的缓坡地对排水有利,坡度的大小可根据不同地区的具体条件和育苗要求确定。在质地较为黏重的土壤上,坡度可适当大些;在沙性土壤上,坡度可适当小些。如果坡度超过5°,容易造成水土流失,降低土壤肥力。地势低洼、风口、寒流汇集、昼夜温差大的地区,容易产生苗木冻害、风害、日灼等灾害,严重影响苗木生产,不宜选作苗圃地。

在山地建立花卉苗圃时,必须选择国家和地方法规政策允许的宜耕坡地,修筑水平梯田,进行园林苗木生产。在山地育苗,由于坡向不同,气象条件、土壤条件差别较大,会对花卉苗木的生长产生不同的影响。南坡背风向阳,光照时间长,光照强度大,温度高,昼夜温差大,湿度小,土层较薄;北坡与南坡情况相反;东、西坡向的情况介于南坡与北坡之间,但东坡在日出前到中午的较短时间内会有较大的温度变化,下午不再接受日光照射,因此对苗木生长不利;西坡由于冬季常受到寒冷的西北风侵袭,易造成苗木冻害。我国地域辽阔,气候差别很大,栽培的苗木种类也不尽相同,可依据不同地区的自然条件和育苗要求选择适宜的坡向。北方地区冬季寒冷,且多西北风,最好选择背风向阳的东南坡中下部作为苗圃地,对花卉苗木顺利越冬有利。南方地区温暖湿润,常以东南和东北坡作为苗圃地,而南坡和西南坡光照强烈,夏季高温持续时间长,对幼苗生长影响较大。山地苗圃包括不同坡向的育苗地时,可根据所育花卉苗木生态习性的不同,进行合理安排。如在北坡培育耐寒、喜阴的花卉种类;在南坡培育耐旱、喜光的花卉种类。这样安排既能够减轻不利因素对花卉的危害,又有利于花卉正常生长发育。

(2)土壤条件 花卉苗木生长所需的水分和养分主要来源于土壤,植物根系生长所需要的氧气、温度也来源于土壤,所以土壤对花卉苗木的生长,尤其是对根系的生长影响很大。因此,选择苗圃地时,必须认真考虑土壤条件。土层深厚、土壤孔隙状况良好的壤质土(尤其是沙壤土、轻壤土、中壤土),具有良好的持水保肥和透气性能,适宜苗木生长。沙质土壤肥力低,保水力差,土壤结构疏松,在夏季日光强烈时表土温度高,易灼伤幼苗,带土球移植花卉苗木时,因土质疏松,土球易松散。黏质土壤结构紧密,透气性和排水性能较差,不利于根系生长,水分过多时易板结,土壤干旱时易龟裂,实施精细的育苗管理作业有一定的困难。因此,选择适宜苗木生长的土壤,是建立苗圃、培育优良苗木必备的条件之一。

综合多种花卉苗木生长状况来看,适宜的苗圃土层厚度应在50厘米以上,含盐量应低于0.2%,有机质含量应不低于2.5%。在土壤条件较差的情况下建立苗圃,虽然可以通过不同的土壤改良措施克服各种不利因素,但苗圃生产经营成本将会增大。

土壤酸碱度是影响苗木生长的重要因素之一。一般要求苗圃土壤的pH为6.0~7.5。不同的园林植物对土壤酸碱度的要求不同,有些植物适宜偏酸性土壤,有些植物适宜偏碱性土壤,可根据不同的植物进行选择或改良。

(3)水源及地下水位 培育花卉苗木对水分供应条件要求较高,苗圃必须具备良好的供水条件。水源可划分为天然水源(地表水)和地下水源。将苗圃设在靠近河流、湖泊、池塘、水库等水源附近,修建引水设施灌溉花卉,是十分理想的选择。但应注意监测这些天然水源是否受到污染和污染的程度如何,避免水质污染对花卉生长产生不良影响。在无地表水源的地点建立苗圃时,可开采地下水用于灌溉。这需要先了解地下水源是否充足,地下水位的深浅,地下水含盐量高低等情况。如果在地下水源情况不明时选定了苗圃地,可能会对苗圃的日后经营带来难以克服的困难。如果地下水源不足,遇到干旱季节,则会因水量不足造成花卉苗木的干旱。地下水位很深时,用于打井开采地下水和购买提水设施的费用增多,因此,会增加苗圃建设的投资。地下水含盐量高时,经过一定时期的灌溉,苗圃土壤含盐量升高,土质变劣,花卉苗木的生长将受到严重影响。因此,苗圃灌溉用水的水质要求为淡水,水中含盐量一般不超过0.1%,最多不超过0.15%。

地下水位对土壤性状的影响也是必须考虑的一个因素。地下水位过高,土壤孔隙被水分占据,土壤通透性差,使得苗木根系生长不良。土壤含水量高,地上部分易发生徒长现象,而秋季停止生长较晚,容易发生花卉苗木的冻害。当气候干旱、蒸发量大于降水量时,土壤水分以上行为主,地下水携带其中的盐分到达地表土层,继而随土壤水分蒸发,使土壤中的盐分越积越多,造成土壤盐渍化。在多雨季节,土壤中的水分下渗困难,容易发生涝害。相反,地下水位过低,土壤容易干旱,势必要求增加灌溉次数和灌水量,使育苗成本增加。适宜的地下水位应为 2 米左右,但不同的土壤质地,有不同的地下水临界深度,沙质土为 1~1.5 米,沙壤土至中壤土为 2.5 米左右,重壤土至黏土为 2.5~4.5 米。

(4)气象条件 地域性气象条件通常是不可改变的,因此,花卉苗圃不能设在气象条件极端的地域。高海拔地域年平均气温过低,大部分花卉苗木的正常生长受到限制。年降水量小、通常无地表水源、地下水供给也十分困难的气候干燥地区,不适宜建立花卉苗圃。经常出现早霜冻和晚霜冻以及冰雹多发的地区,会因不断发生灾害,给苗木生产带来损失,也不适宜建立花卉苗圃。某些地形条件,如地势低洼、风口、寒流汇集处等,经常形成一些灾害性气象条件,对花卉苗木的生长不利。虽然可以通过设立防护林减轻风害,或通过设立密集的绿篱防护带阻挡冷空气的侵袭,但这样的地点毕竟不是理想之地,一般不宜建立花卉苗圃。总之,花卉苗圃应选择气象条件比较稳定、灾害性天气很少发生的地区。

(5)病虫害和植被情况 在选择苗圃用地时,需要进行专门的病虫害调查。了解圃地及周边的植物感染病害和发生虫害的情况,如果圃地环境病虫害曾较为严重,并且未能得到治理,则不宜在该地建立花卉苗圃,尤其对花卉苗木有严重危害的病虫害要格外警惕。

另外,苗圃用地是否生长着某些难以根除的灌木杂草,也是需要考虑的问题之一。如果不能有效控制苗圃杂草,对将来的育苗工作将产生不利影响。

三、市场定位

1. 我国苗圃发展存在的问题

对苗圃进行市场定位的本质原因,是我国苗圃的发展存在以下问题。

(1)苗圃盲目发展,形成无序竞争 目前,人们受到市场利益的驱动,急功近利、一拥而上投资苗圃业的情况十分严重。据了解,现在全国花卉苗木存圃量大得惊人,特别是一到二年生的小规格花木的栽植面积占总面积的近一半。这些小花木不仅在短时间内不能出圃,还要移植、扩繁到3倍以上的土地面积上。苗圃发展的无序主要表现在生产的无序和竞争的无序两个方面。由于对花卉苗木市场缺乏了解,很多苗圃在规模和苗木的种类、数量等方面盲目发展,部分花木种类生产过剩,导致花木价格降低。生产过剩又造成企业间的无序竞争。

(2)苗圃管理不当,花卉苗木质量不高 我国有很多苗圃由于仓促上马,没有一个良好的生产经营计划。再加上近几年加入种苗行业的新手增多,对各个品种的生物学特性不甚了解,不能因地制宜地发展花木业。苗圃生产资金投入不足,生产所用设备简单,很多苗圃没有必需的喷灌、整形修剪设备。从而造成商品苗档次低,优质苗出圃率低,影响收入。

(3)缺少专业管理和技术人才 由于苗圃多建在城郊或远离城市的地方,园林和园艺专业的大学毕业生多选择留在城市,即使在该行就业也不愿到偏远的地区工作。因此,苗圃行业很难招到既懂专业又懂管理的人才,这也是花卉苗木的质量上不去的原因之一。

(4)缺乏统一的花卉苗木标准 当今,全国花木生产还没制定出统一、规范、适用的标准。虽然20世纪末制定了一些质量标准,但可操作性不强。园林绿化品种没有标准,给花木生产、销售、质量验收等增加了难度。例如,不同规格树种的根幅、带土球直径的大小,调运期间根系的保护措施,验收苗木时直径测定的位置、干型、冠形的标准等,误区、盲点太多。由于统一的苗木产销标准没有出台,在苗木生产、经营中,无法按照需要单位对苗木规格、质量的要求制定生产、管理计划。

(5) **不够重视花卉苗木的检疫工作** 近几年各地用苗量剧增,跨区域调运花木相当频繁。但由于不重视检疫工作,携带危险性有害生物(如薇甘菊、松材线虫、椰心叶甲等)的花木被调入并被用于绿化工程的事件时有发生,给绿化工程造成很大隐患,并较容易传到各苗木产区。

(6) **机械化水平低** 目前,我国的大多数苗圃生产还属于劳动密集型产业,生产的工厂化和机械化水平不高,在苗圃的日常生产和管理中要投入大量的劳动力。

2.苗圃的市场定位应采取的措施

针对以上问题,可采取以下基本措施,对苗圃进行详细、准确的市场定位。

(1) **准确定位,明确发展思路** 苗圃发展是以社会发展为前提,宗旨是服务林业、服务社会。随着国家战略中心的调整,苗圃产业也要积极调整,才能在市场经济中求得生存和发展。经营者应确定苗圃的经营品种、经营模式和经营手段,在选择种植植物的种类和品种时应具有一定的前瞻性。一般来说,应以本国优良的绿化观赏植物品种为主,以引进国外或外地的新优品种为辅,同时注意引入品种的生活习性和生态适应性。

(2) **重视生产技术,利用先进的技术和设备培育苗圃** 苗圃作为生态和谐、环境美化建设的载体,应将其发展定位在利用先进的技术和设备培育出优、新、奇、特的绿化苗木和花卉苗木。在给苗圃准确定位的基础上,谋求长远的发展,创造出社会效益和经济效益。

(3) **提高培育苗木的质量** 近年来,随着人们欣赏水平逐步提高,不仅要求苗木健壮无病虫害,而且要求苗木姿态优美,形状理想。苗圃要长远发展,抓好出圃苗木的质量是关键。在苗木生产中要注意合格苗木的生产,坚持合理密植、科学培育,为城市美化生产适合城、乡、郊区绿化的高质量合格苗木是苗圃可持续发展的基石。

(4) **加强对苗圃技术和管理人才的引进和培养** 在苗圃的经营和管理的过程中,一支高素质的技术和管理人才队伍尤为重要。因此,加强对苗圃专业技术和管理人才的引进和培养,是苗圃生产的重中之重,也是打造现代化苗圃、提高苗圃核心竞争力的关键所在。

(5) **加强苗木检疫工作** 进一步建立健全花卉苗木的检疫制度,特别是已有危险性有害生物的苗圃生产地,要重视出圃苗木的检疫。各地既要坚持执行苗木检疫制度,也要为苗木的检疫工作提供便利。

(6) **提高机械化水平** 苗圃经营者应加大资金投入,提高苗圃生产的工厂化和机械化水平。随着城市生态环境的发展、市场对苗木需求的进一步增多,为了实现产量的飞跃,必须将原有产业转向工业化生产,这是苗木产业发展的大趋势,也是顺应时代发展的结果。

四、苗圃的总体规划与发展计划

1. 苗圃的用地划分和面积计算

(1) **苗圃的用地划分** 苗圃用地一般包括生产用地和辅助用地两部分。

①生产用地。生产用地是指直接用于培育花卉苗木的土地,包括播种繁殖区、营养繁殖区、苗木移植区、大苗培育区、设施育苗区、采种母树区、引种驯化区等所占用的土地及暂时未使用的轮作休闲地。

②辅助用地。辅助用地又称"非生产用地",是指苗圃的管理区

建筑用地和苗圃道路、排灌系统、防护林带、晾晒场、积肥场及仓储建筑等占用的土地。

(2) 用地的面积计算

①生产用地面积的计算。根据计划培育花卉苗木的种类、数量、规格、要求出圃年限、育苗方式等因素,计算用地的面积。确定单位面积的产苗量后,即可进行计算。具体计算公式是:

$$P = N \times A / n$$

公式中:P——某品种所需的育苗面积;

　　　　N——该品种的计划年产量;

　　　　A——该品种的培育年限;

　　　　n——该品种的单位面积产苗量。

在实际生产中,花卉苗木在培育、起苗、贮藏等工序中都将会有一定的损失,故每年的产苗量应适当增加,一般增加 3‰～5‰,也就是在计算面积时要留有余地。

某品种在各育苗区所占面积之和,即为该品种所需的用地面积,各品种所需用地面积的总和就是全苗圃的生产用地的总面积。

②辅助用地面积的计算。苗圃辅助用地面积一般不超过总面积的 20%～25%,大型苗圃辅助用地一般占 15%～20%,中、小型苗圃辅助用地一般占 18%～25%。依据适度规模经营原则,应减少小型苗圃建设数量,特别是不要建设综合性的小型苗圃,以提高土地利用效率。小型苗圃为增加生产用地比例而削减道路、渠道等必要的辅助用地,会给生产管理带来不便,这也是不可取的。

2.苗圃规划设计的准备工作

(1)踏勘　由设计人员会同施工人员、经营管理人员以及有关人员到已确定的圃地范围内进行踏勘和调查访问工作,了解圃地的现状、地权地界、历史、地势、土壤、植被、水源、交通、病虫害、草害、有害动物以及周围环境、自然村落等情况,并提出初步的规划意见。

(2) 测绘地形图　　地形图是进行苗圃规划设计的基本材料。进行园林苗圃规划设计时，首先需要测量并绘制苗圃的地形图。地形图比例尺为1:(500～2000)，等高距为20～50厘米。对于苗圃规划设计直接有关的各种地形、地物都应尽量绘入图中，重点是高坡、水面、道路、建筑等。目前，测绘部门已有现成的1:10000或1:20000的地形图，由于地形、地物的变化，需要将现有的地形图按比例进行放大、修测，使其成为设计用图。

(3) 土壤调查　　了解圃地土壤状况是合理规划苗圃辅助用地和生产用地不同育苗区的必要条件。进行土壤调查时，应根据圃地的地形、地势、指示植物分布，选定典型地区，分别挖掘土壤剖面，进行详细观察记载和取样分析。一般在野外观察记载的项目主要包括土层厚度、土壤结构、松紧度、新生体、酸碱度、盐酸反应、土壤质地、石砾含量、地下水位等；采集土样后进行的室内分析项目主要包括土壤有机质、速效养分（氮、磷、钾）含量、机械组成、pH、含盐量、含盐种类等的测定。通过野外调查与室内分析，全面了解圃地土壤性质，重点搞清苗圃地土壤类型、分布、肥力状况，并在地形图上绘出土壤分布图。

(4) 气象资料的收集　　掌握当地气象资料不仅是进行苗圃生产管理的需要，也是进行苗圃规划设计的需要。如各育苗区设置的方位、防护林的配置、排灌系统的设计等，都需要气象资料作依据。因此，有必要向当地的气象台或气象站详细了解有关的气象资料，如物候期、早霜期、晚霜期、晚霜终止期、全年及各月份平均气温、绝对最高气温和绝对最低气温、土表及50厘米土深的最高温度和最低温度、冻土层深度、年降水量及各月份分布情况、最大一次降水量及降水历时数、空气相对湿度、主风方向、风力等。此外，还应详细了解圃地的特殊小气候等其他有关情况。

(5) 病虫害和植被状况调查　　主要是调查圃地及周围植物病虫害种类及感染程度。对于与园林植物病虫害发生有密切关系的植物种类,尤其需要进行详细调查,并将调查结果标注在地形图上。

3. 苗圃的规划设计

(1)生产用地的规划设计

①作业区及其规格。生产用地面积占苗圃总面积的80%左右,为了方便耕作,通常将生产用地再划分为若干个作业区。所以,作业区可视为苗圃育苗的基本单位,作业区形状一般为长方形或正方形。

作业区长度依苗圃的机械作业程度确定;作业区宽度依圃地土壤质地与地形是否有利于排水确定,并应考虑排灌系统的设置、机械喷雾器的射程、耕作机械作业的宽度等因素;作业区方向依圃地的地形、地势、坡向、主风方向、形状等确定。

小型苗圃一般使用小型农机具,每个作业区的面积可为0.2~1公顷,长度可为50~200米。大、中型苗圃一般使用大型农机具,每个作业区的面积可为1~3公顷,长度可为200~300米。作业区的宽度一般可为40~100米,便于排水的地区可放宽,不便于排水的可窄些;同时要考虑喷灌、机械喷雾、机具作业等要求达到的宽度。长方形作业区的长边通常为南北向。地势有起伏时,作业区长边应与等高线平行。地形形状不规整时,可划分大小不等的作业区,同一作业区要尽可能呈规整形状。

②各育苗区的设置。苗圃生产用地包括播种繁殖区、营养繁殖区、苗木移植区、大苗培育区、采种区、引种驯化区(试验区)、设施育苗区等,有些综合性苗圃还设有标本区、果苗区、温床区等。

• 播种繁殖区。播种繁殖区指为培育播种苗而设置的生产区。播种育苗的技术要求较高,管理精细,投入人力较多,且幼苗对不良环境条件反应敏感,所以应选择生产用地中自然条件和经营条件最好的区域作为播种繁殖区。人力、物力、生产设施均应优化满足播种育苗要求。播种繁殖区应靠近管理区;地势应较高而平坦,坡度小于2°;接近水源,灌溉方便;土质优良,土壤肥沃;背风向阳,便于防霜冻；如是坡地，则应选择自然条件最好的坡向。

• 营养繁殖区。营养繁殖区指为培育扦插、嫁接、压条、分株等营养繁殖苗而设置的生产区。营养繁殖的技术要求较高，并需要精细管理，一般要求选择条件较好的地段作为营养繁殖区。培育硬枝扦插苗时，要求土层深厚，土质疏松而湿润。培育嫁接苗时，因为需要先培育砧木播种苗，所以应当选择与播种繁殖区自然条件相当的的地段。压条和分株育苗的繁殖系数低，育苗数量较少，不需要占用较大面积的土地，所以通常利用零星分散的地块育苗。嫩枝扦插育苗需要插床、遮阴棚等设施，可将其设置在设施育苗区。

• 苗木移植区。苗木移植区指为培育移植苗而设置的生产区。在播种繁殖区和营养繁殖区繁殖出来的苗木，需要进一步培养成较大的苗木时，则应移入苗木移植区进行培育。依培育规格要求和苗木生长速度的不同，往往每隔2～3年还要再移植几次，逐渐扩大株行距，增加种植面积。苗木移植区要求面积较大，地块整齐，土壤条件中等。由于不同苗木种类具有不同的生态习性，对一些喜湿润土壤的苗木种类，可设在高湿的地段，而不耐水渍的苗木种类则应设在较干燥而土壤深厚的地段。进行裸根移植的苗木，可以选择土质疏松的地段栽植，而需要带土球移植的苗木，则不能移植在沙性土质的地段。

• 大苗培育区。大苗培育区指为培育根系发达、有一定树形、苗龄较大、可直接出圃用于绿化的大苗而设置的生产区。在大苗区继续培养的苗木，通常在移植区内已进行过一至几次移植，且培育年限较长，在大苗区培育的苗木出圃前一般不再进行移植。大苗培育区的特点是苗木的株距、行距大，占地面积大，培育的苗木大，规格高，根系发达，可直接用于园林绿化建设，满足绿化建设的特殊需要，如树冠、形态、干高、干粗等高标准大苗，有利于加速城市绿化效果，保证重点绿化工程的提前完成。大苗的抗逆性较强，对土壤要求不太严格，但以土层深厚、地下水位较低的整齐地块为宜。为便于苗木出

第二章 苗圃的建设

圃,位置应选在便于运输的地段。

•采种区。采种区指为获得优良的种子、插条、接穗等繁殖材料而设置的生产区。采种区不需要很大的面积和整齐的地块,大多是利用一些零散地块,以及防护林带和沟、渠、路的旁边等处栽植。

•引种驯化区(试验区)。引种驯化区(试验区)指为培育、驯化由外地引入的树种或品种而设置的试产区(试验区)。根据引入树种或品种对生态条件的要求,需要选择有一定小气候条件的地块进行适应性驯化栽培。

•设施育苗区。设施育苗区指为利用温室、遮阴棚等设施进行育苗而设置的小产区。设施育苗区应设在管理区附近,主要要求是用水、用电方便。

(2)辅助用地的规划设计 苗圃辅助用地包括道路系统、排灌系统、防护林带、管理区建筑用房、各种场地等。辅助用地是为苗木生产服务所占用的土地,所以又称为"非生产用地"。进行辅助用地设计时,既要满足苗木生产和经营管理上的需要,又要少占土地。

①苗圃道路系统的设计。苗圃道路是保障苗木生产正常进行的基础设施之一,苗圃道路系统的设计主要应从保证运输车辆、耕作机具、作业人员的正常通行考虑,合理设置道路系统及其路面宽度。苗圃道路包括一级路、二级路、三级路和环路。

•一级路,也称"主干道",一般设置于苗圃的中轴线上,应连接管理区和苗圃出入口,能够允许通行载重汽车和大型耕作机具。通常设置1条或相互垂直的2条,设计路面宽度一般为6~8米,标高高于作业区20厘米。

•二级路,也称"副道"、"支道",是一级路通达各作业区的分支道路,应能通行载重汽车和大型耕作机具。通常与一级路垂直,根据作业区的划分设置多条,设计路面宽度一般为4米,标高高于耕作区10厘米。

•三级路,也称"步道"、"作业道",是作业人员进入作业区的道路,与二级路垂直,设计路面宽度一般为 2 米。

• 环路,也称"环道",设在苗圃四周防护林带内侧,供机动车辆回转通行使用,设计路面宽度一般为 4~6 米。

大型苗圃和机械化程度高的苗圃注重苗圃道路的设置,通常按上述要求分三级设置。中、小型苗圃可少设或不设二级路,环路路面宽度也可相应窄些。路越多越方便,但路占地多也会影响种植面积,一般道路占地面积为苗圃总面积的 7%~10%。

②苗圃灌溉系统的设计。苗圃必须有完善的灌溉系统,以保证苗木对水分的需求。灌溉系统包括水源、提水设备、引水设施。

• 水源。水源分为地表水(天然水)和地下水两类。采用地表水作为水源时,选择取水地点十分重要。取水口的位置最好选在比用水点高的地方,以便能够自流给水。如果在河流中取水,取水口应设在河道的凹岸,因为凹岸一侧水深,不易淤积,河流浅滩处不宜选作取水点。

取用地下水时,需要事先掌握水文地质资料,以便合理开采利用。钻井开采地下水宜选择地势较高的地方,以便于自流灌溉。钻井布点力求均匀分布,以缩短输送距离。

• 提水设备。提取地表水或地下水一般均使用水泵。选择水泵规格型号时,应根据灌溉面积和用水量来确定。

• 引水设施。引水设施分渠道引水和管道引水 2 种。

渠道引水是沿用已久的传统引水形式。土筑明渠修筑简便,投资少,但流速较慢,蒸发量和渗透量较大,占用土地多,引水时需要经常注意管护和维修。为了提高流速,减少渗漏,可对其加以改进,如在水渠的沟底及两侧加设水泥板或做成水泥槽,也有的使用瓦管、竹管、木槽等。引水渠道一般分为一级渠道(主渠)、二级渠道(支渠)、三级渠道(毛渠)。根据苗圃用水量大小可确定各级渠道的规格。大、中型苗圃用水量大,所设引水渠道较宽。一级渠道(主渠)是永久性的大渠道,从水源直接把水引出,一般主渠顶宽 1.5~2.5 米。二级渠道（支渠）通常也为永久性的，从主渠把水引向各作业区，一般支渠顶宽 1~1.5 米。三级渠道（毛渠）是临时性的小水渠，一般渠顶宽度为 1 米以下。主渠和支渠是用来引水的，渠底应高出地面，毛渠则是直接向圃地灌溉的，其渠底应与地面齐平或略低于地面，以免灌水带入泥沙埋没幼苗。各级渠道的设置常与各级道路相配合，干道配主渠，支道配支渠，步道配毛渠，使苗圃的区划整齐。主渠和支渠要有一定的坡降，一般坡降为（1~4）:1000，渠道边坡度一般为 45°。渠道方向应与作业区边线平行，各级渠道应相互垂直。引水渠道占地面积一般为苗圃总面积的 1%~5%。

管道引水是将水源通过埋入地下的管道引入苗圃作业区进行灌溉的形式，通过管道引水可实施喷灌、滴灌、渗灌等节水灌溉技术。管道引水不占用土地，也便于田间机械作业。喷灌、滴灌、渗灌等灌溉方式比地面灌溉节水效果显著，灌溉效果好，节省劳力，工作效率高，能够减少对土壤结构的破坏，保持土壤原有的疏松状态，避免地表径流，有利于水分的深层渗漏。虽然投资较大，但是在水资源匮乏地区以管道引水，采用节水灌溉技术应是苗圃灌溉的发展方向。喷灌是通过地上架设喷灌喷头将水射到空中，形成水滴降落地面的灌溉技术。滴灌是通过铺设于地面的滴灌管道系统把水输送到苗木根系生长范围的地面，从滴灌滴头将水滴或细小水流缓慢均匀地施于地面，渗入植物根系的灌溉技术。渗灌是通过埋设在地下的渗灌管道系统，将水输送到苗木根系分布层，以渗漏方式向植物根部供水的灌溉技术。这 3 种节水灌溉技术的节水效率相比较，渗灌和滴灌优于喷灌。喷灌在喷洒过程中水分损失较大，尤其在空气干燥和有风的情况下更为严重。但由于花卉苗木培育过程中需要经常移植，不适合采用渗灌和滴灌。因此，喷灌是花卉苗圃中最常用的一种节水灌溉形式。

③苗圃排水系统的设计。地势低、地下水位高、雨量多的地区，应重视排水系统的建设。排水系统通常分为大排水沟、中排水沟、小

排水沟三级。排水沟的坡降略大于渠道,一般坡降为(3~6):1000。大排水沟应设在圃地最低处,直接通入河流、湖泊或城市排水系统;中、小排水沟通常设在路旁,作业区内的小排水沟与步道相配合。在地形、坡向一致时,排水沟和灌溉渠往往各居道路一侧,形成沟、路、渠整齐并列格局。排水沟与路、渠相交处应设涵洞或桥梁。一般大排水沟宽1米以上,深0.5~1米;作业区内小排水沟宽0.3米,深0.3~0.6米。苗圃四周宜设置较深的截水沟,可防止苗圃外的水入侵,并且具有排除内水保护苗圃的作用。排水系统占地面积一般为苗圃总面积的1%~5%。

④苗圃防护林带的设计。设置防护林带是为了避免花卉苗木遭受风沙危害。防护林能降低风速,以减少地面蒸发及苗木蒸腾,创造适宜的小气候条件。防护林带的规格依苗圃的大小和风害程度而定。小型苗圃在主风垂直方向设置一条防护林带;中型苗圃在四周都设防护林带;大型苗圃除四周设置主防护林带外,在内部干道和支道两侧或一侧设辅助防护林带。一般防护林带的防护范围是树高的15~17倍,可据此设置辅助防护林带。

防护林带的结构以乔、灌木混交半透风式为宜,既可降低风速,又不因过分紧密而形成回流。林带宽度和密度依苗圃面积、气候条件、土壤和树种特性而定。一般主防护林带宽8~10米,株距1~1.5米,行距1.5~2米;辅助防护林带一般为1~4行乔木。林带的树种选择应尽量选用适应性强、生长迅速、树冠高大的乡土树种。同时也要注意速生和慢长、常绿和落叶、乔木和灌木、寿命长和寿命短的树种相结合。亦可结合栽植采种、采穗母树和有一定经济价值的树种,如选择可作为用材、蜜源、油料、绿肥等的树种,以增加收益。但应注意,不要选用苗木病虫害的中间寄主树种和病虫害严重的树种。防护林带的占地面积一般为苗圃总面积的5%~10%。

⑤苗圃管理区的设计。苗圃管理区包括房屋建筑和圃内场院等部分。房屋建筑主要包括办公室、宿舍、食堂、仓库、种子贮藏室、工

具房、车库等；圃内场院主要包括运动场、晒场、堆肥场等。苗圃管理区应设在交通方便、地势高燥的地方。中、小型苗圃办公区、生活区一般选择在靠近苗圃出入口的地方。大型苗圃为管理方便，可将办公区、生活区设在苗圃中央位置。堆肥场等则应设在既隐蔽又便于运输的地方。管理区占地面积一般为苗圃总面积的 $1\%\sim2\%$。

第三章
苗圃花卉的繁殖技术

一、播种繁殖

1. 播种繁殖的意义

播种繁殖是利用花卉苗木的有性后代——种子,对其进行一定的处理和培育,使其萌发、生长、发育,成为新的一代苗木个体。用种子播种繁殖所得的苗木称为播种苗或实生苗。花卉苗木的种子体积较小,采收、贮藏、运输、播种等都较简单,可以在较短的时间内培育出大量的苗木或嫁接繁殖用的砧木,因而在花卉苗圃中占有极其重要的地位。

2. 播种繁殖的特点

花卉苗木的播种繁殖具有以下特点:
①利用种子繁殖,获得种子容易,采集、贮藏、运输都较方便。
②播种苗生长旺盛,健壮,根系发达,植株寿命长,抗风、抗寒、抗旱、抗病虫的能力及对不良环境的适应力较强。
③种子繁殖的幼苗,遗传保守性较弱,对新环境的适应能力较强,有利于异地引种的成功。如从南方直接引种梅花苗木到北方,往往不能安全越冬;而引入种子在北方播种育苗,其中部分苗木则能在

−17℃的环境安全过冬。

用种子播种繁殖的苗木,特别是杂种幼苗,由于遗传性状的分离,在苗木中常会出现一些新类型的品种,这对于花卉苗木新品种、新类型的选育有很大的意义。

种子繁殖的幼苗,由于需要经过一定时期、一定条件下的生理发育阶段,因而开花、结果较无性繁殖的苗木晚。

由于播种苗具有较大的遗传变异性,因此对一些遗传性状不稳定的花卉苗木,用种子繁殖出的苗木常常不能保持母树原有的观赏价值或特征特性。如龙柏经种子繁殖,苗木中常有大量的桧柏幼苗出现;重瓣榆叶梅播种苗大部分退化为单瓣或半重瓣花;龙爪槐播种繁殖后代多为国槐等。

3. 播种前种子的处理

不同花卉种子发芽期不同,发芽期长的种子给土地利用和管理都带来问题。有些种子在一些地区无法获得萌发需要的一些气候条件,不能萌发。通过对播种前种子的处理,打破种子休眠,促进种子萌发,使种子发芽迅速、整齐。

(1)影响种子发芽的因素

①硬种皮。硬种皮影响发芽的因素包括种皮的不透水性和机械阻力,如豆科、锦葵科、牻牛儿苗科、旋花科和茄科的一些花卉(如大花牵牛、羽叶茑萝、美人蕉、香豌豆等)。

②化学抑制物质。这些抑制物质分别存在于果实、种皮和胚中。如脱落酸(ABA)就是常见的一种抑制激素,使种子不会过早地在植株上萌发。如拟南芥突变体由于缺乏 ABA 而在母株上就开始萌发。采取层积、水浸泡、赤霉素(GA)处理等可以消除其抑制作用。

③胚发育不完全或缺乏胚乳。一些观赏植物的种子成熟时,胚还没有完成形态发育,需要在脱离母株后在种子内继续发育。如兰科植物的种子没有胚乳,常规条件下不能萌发,商业生产中,靠无菌

培养提供营养繁殖。

④胚发育完全,但种子进入生理休眠。种子由于生理代谢的抑制作用而不能发芽。园艺上所采取的层积处理就是针对这类种子,种子需要在湿润的低温条件(0～4℃)下贮藏一段时间,以打破种胚的休眠。很多研究发现层积处理是通过改变抑制休眠的物质(如赤霉素)和保持休眠的物质(如脱落酸)含量的消长而实现的。所以用赤霉素浸泡种子可以代替层积处理。如大花牵牛、广叶山蟊豆等植物的种子都可用赤霉素浸泡来打破生理休眠。

(2)播种前种子的处理方法

①浸种。发芽缓慢的种子使用此方法。用温水浸种较冷水好,时间也短。如果冷水浸种,以不超过一昼夜为好。月光花、牵牛花、香豌豆等用30℃温水浸种一夜即可。浸种时间过长,种子易腐烂。

②刻伤种皮。用于种皮厚硬的种子。如荷花、美人蕉等,可锉去部分种皮,以利于种子吸水。

③去除影响种子吸水的附属物绵毛等。如一串红,除去绵毛,有利于种子吸水。

④药物处理种子。

• 打破上胚轴休眠,如牡丹的种子具有上胚轴休眠的特性,秋播当年只生出幼根,必须经过冬季低温阶段,上胚轴才能在春季伸出土面。若用50℃温水浸种24小时,埋于湿沙中,在20℃条件下,约30天生根。把生根的种子用50～100毫克/升赤霉素涂抹胚轴,或用溶液浸泡24小时,10～15天就可长出茎来。有上胚轴休眠现象的花卉种子,还有芍药、天香百合、加拿大百合、日本百合等。

• 完成生理后熟要求低温的种子用赤霉素处理,有代替低温的作用。如大花牵牛及广叶山蟊豆的种子,播种前用10～25毫克/升赤霉素溶液浸种,可以促其发芽。

• 改善种皮透性,促其发芽,如林生山蟊豆种子,用浓硫酸处理1分钟,用清水洗净播种,发芽率达100%,未用浓硫酸处理的对照组发芽率只有76%。种皮坚硬的芍药、美人蕉可以用2%～3%的盐酸或浓盐酸浸种到种皮柔软,用清水洗净后播种。结缕草种子用0.5%氢氧化钠溶液处理,其发芽率显著高于未用氢氧化钠处理的对照组。

• 打破种子二重休眠性,如铃兰、黄精等花卉的种子由于具有胚根和上胚轴二重休眠特性,首先在低温、湿润条件下完成胚根后熟作用,继而在较高温度下促使幼根生出,然后再在二次低温下,使上胚轴后熟,促使幼苗生出。

⑤层积处理。常用于处理一些温带木本植物的种子,主要是一些裸子植物及蔷薇科植物的种子。早期方法是一层种子一层湿沙堆积,在室外经冬季冷冻一季,种子休眠即被破除,也可在控温条件下完成。层积处理的适温为1～10℃,多数植物以3～5℃最好。大多数植物需层积处理1～3个月。

4.播种时期与播种方法

(1)**播种时期** 播种时期应根据花卉的生长发育特性、计划供花时间以及环境条件与控制程度而定。保护地栽培情况下,可按需要时期播种;露地自然环境下,依花卉种子发芽所需温度及将来的生长条件而确定播种时期。适时播种能节约管理费用,使出苗整齐,且能保证苗木质量。

①一年生花卉。原则上在春季气温开始回升,平均气温已稳定在花卉种子发芽的最低温度以上时播种。若延迟到气温已接近发芽最适温度时播种则种子发芽较快而整齐。在花卉生长期短的北方,需提早供花时,可在温室、温床或大棚内提前播种。

②二年生花卉。原则上秋播,一般在气温降至30℃以下时争取早播。在冬季寒冷季节,二年生花卉常需防寒越冬或作一年生栽培。

③宿根花卉。播种期依花卉的耐寒力强弱而定。耐寒性宿根花卉因耐寒力较强,春播、夏播或秋播均可,尤以种子成熟后即播为佳。一些要求低温与湿润条件完成休眠的种子,如芍药、鸢尾等必须秋

播。不耐寒的常绿宿根花卉宜春播，或种子成熟后即播。

④温室花卉。温室花卉播种通常在温室中进行，受季节性气候条件的影响较小，因此播种期没有严格的季节限制，常随所需要的花期而定。大多数种类在春季，即1～4月播种，少数种类如瓜叶菊、仙客来、蛾蝶花、蒲包花等通常在7～9月播种。

此外，原产热带或亚热带的许多花卉，因环境温度高，湿度大，适于种子发芽与幼苗生长，故种子多无休眠期，经干燥或储藏后种子的发芽力丧失。这类种子采后应立即播种。朱顶红、马蹄莲、君子兰、山茶花等的种子也宜采后即播，但在适当条件下也可储藏一段时间。

(2)播种方法

①露地苗床播种。此法经分苗培养后再定植，便于幼苗期间的养护管理。一般露地苗床播种方法如下：

•场地选择。播种床的土质应选富含腐殖质、轻松而肥沃的沙质壤土，播种床的位置应选在日光充足、空气流通、排水良好的地方。

•整地及施肥。播种床的土壤应翻耕约30厘米深，打碎土块、清除杂物后，上层覆盖约12厘米厚的土壤，最好用1.5厘米孔径的土筛筛过，同时施以腐熟而细碎的堆肥或厩肥做基肥(基肥的施肥期最迟在播种前1周)，再将床面耙平、耙细。播种时最好施过磷酸钙，这样能使花卉根系强大、幼苗健壮。其他种类的磷肥效果不如过磷酸钙。尤其生命周期短的花卉施过磷酸钙效果更好。此外，还可施以氮肥或细碎的干粪，但应于播种前1个月施入床内。播种床整平后应进行镇压，然后整平床面。

•覆土深度。覆土深度取决于种子的大小。花卉种子按粒径大小分为(以长轴为准)大粒种子、中粒种子、小粒种子和微粒种子。大粒种子的粒径在5.0毫米以上，如牵牛、牡丹、紫茉莉、金盏菊等。中粒种子的粒径为2.0～5.0毫米，如紫罗兰、矢车菊、凤仙花、一串红等。小粒种子的粒径为1.0～2.0毫米，如三色堇、鸡冠花、半枝莲、报春花等。微粒种子的粒径在0.9厘米以下，如四季海棠、金鱼草、矮牵牛、兰科花卉等。通常大粒、中粒种子覆土深度为种子厚度的3倍；小粒种子以不见种子为度；微粒种子可不覆土，播后轻轻镇压即可。覆盖种子用土最好用0.3厘米孔径的筛子筛过。

• 播后管理。覆土完毕后，在床面均匀地覆盖一层稻草，然后用细孔喷壶充分喷水。干旱季节可在播种前充分灌水，待水分渗入土中再播种覆土，这样可以使土壤较长时间保持湿润状态。雨季应有防雨设施。种子发芽出土时，应撤去覆盖物，以防幼苗徒长。

②露地直播。对于某些不宜移植的直根性种类，可直接播种到应用地。如需要提早育苗时，可先播种于小花盆中，成苗后带土球定植于露地，也可用营养钵或纸盆育苗。如虞美人、花菱草、香豌豆、羽扇豆、扫帚草、牵牛和茑萝等都可采用露地直播。

③温室内盆播。通常在温室中进行，受季节性和气候条件影响较小，播种期没有严格的季节性限制，常随所需花期而定。

• 播种用盆及用土。常用深10厘米左右的浅盆，以富含腐殖质的沙质壤土为宜。一般配比如下：小粒、微粒种子：腐叶土：河沙：园土＝5：3：2；中粒种子：腐叶土：河沙：园土＝4：2：4；大粒种子：腐叶土：河沙：园土＝5：1：4。

• 具体播种方法。用碎盆片把盆底排水孔盖上，填入碎盆片或粗沙砾，深度为盆深的1/3左右，其上填入筛出的粗粒培养土，厚约1/3，最上层为播种用土，厚约1/3。盆土填入后，用木条将土面压实刮平，使土面距盆沿约1厘米。用"盆浸法"将浅盆下部浸入较大的水盆或水池中，使土面位于盆外水面以上，待土壤浸湿后，将盆提出，待过多的水分渗出后，即可播种。

• 小粒、微粒种子宜采用撒播法，播种不可过密，可掺入细沙，与种子一起播入，用细筛筛过的土覆盖，厚度约为种子大小的2～3倍。秋海棠、大岩桐等细小种子的覆土应极薄，以不见种子为度。大粒种子常用点播或条播法。覆土后在盆面上覆盖玻璃、报纸等，以减少水分的蒸发。多数种子宜在暗处发芽，像报春花等好光性种子，可用玻璃盖在盆面上。

・播种后应注意维持盆土的湿润,干燥时仍然用盆浸法给水。幼苗出土后逐渐移到日光照射充足的地方。

④穴盘播种。穴盘播种是穴盘育苗的第一步。以穴盘为容器,选用泥炭土配蛭石作为培养土,采用机器或人工播种,一穴一种子,种子发芽率要求达到98%以上。花卉生产中大量播种时,常常配有专门的发芽室,可以精确地控制温度、湿度和光照,为种子萌发创造最佳条件。播种后将穴盘移入发芽室,待种子发育后移回温室,幼苗长到一定大小时移栽到大一号的穴盘中,一直到种苗可以出售或应用。这种方式育成的种苗,称为穴盘苗。

穴盘育苗技术是与花卉温室化、工厂化育苗相配套的现代栽培技术之一,广泛应用于花卉、蔬菜、苗木的育苗,目前已成为发达国家的常用栽培技术。该技术的突出优点是在移苗过程中对种苗根系伤害很小,缩短了缓苗的时间;种苗生长健壮,整齐一致;操作简单,节省劳力。该技术一般在温室条件下进行,需要高质量的花卉种子和生产穴盘苗的专业技术,以及生产穴盘的特殊设备,如穴盘填充机、播种机、覆盖机、水槽(供水设施)等。此外,穴盘育苗对环境、水分、肥料的管理以及水质、肥料成分配比的精度要求较高。

二、营养繁殖

营养繁殖也称为无性繁殖,是以植物的营养器官进行的繁殖。很多植物的营养器官具有再生性,即具有细胞全能性,是恢复分生能力的基础。无性繁殖是由体细胞经有丝分裂的方式重复分裂,产生和母细胞有完全一致的遗传信息的细胞群,继而发育而成新个体的过程,由于不经过减数分裂与受精作用,所以保持了亲本的全部特性。

用无性繁殖产生的后代群体称为无性系或营养系。无性繁殖在花卉生产中有重要意义。许多花卉如菊花、大丽花、月季花、唐菖蒲、郁金香等,栽培品种都是高度杂合体,只有用无性繁殖才能保持其品种的特性。另外一些花卉,如香石竹、重瓣矮牵牛及其他重瓣品种,不能产生种子,必须用无性繁殖延续后代。与有性繁殖相比,无性繁殖操作容易、快速而经济,但木本植株后代根系浅,容易被风折断,因此,并不适合采用无性繁殖。

营养繁殖的类型有:分生繁殖、扦插繁殖、嫁接及压条繁殖、孢子繁殖等。

1. 分生繁殖

分生繁殖是植物营养繁殖方式之一,是利用植物母体分生出来的幼植物体或一部分营养器官进行繁殖的方法,是多年生花卉的主要繁殖方法。其特点是操作简便,新植株容易成活、成苗较快,能保持母株的遗传性状,只是分生繁殖的繁殖系数低于播种繁殖。分生繁殖有以下几类:

(1)分株繁殖 分株繁殖是将植物带根的株丛分割成多株的繁殖方法。操作方法简单可靠,新个体成活率高,适用于易从基部产生丛生枝的花卉植物。常见的多年生宿根花卉,如兰花、芍药、菊花、萱草属、蜘蛛抱蛋属、水塔花属和棕竹等,均可用此法繁殖。

分株繁殖依萌发枝的来源不同可分为以下几类:

①分短匍匐茎。短匍匐茎是侧枝或枝条的一种特殊变态,多年生单子叶植物茎的侧枝上的蘖枝就属于这一类,在禾本科、百合科、莎草科、芭蕉科、棕榈科中普遍存在。如竹类、天门冬属、吉祥草、沿阶草、麦冬、万年青、蜘蛛抱蛋属、水塔花属和棕竹等均常用短匍匐茎分株繁殖。

②分根蘖。由根上不定芽产生萌生枝,如凤梨、红杉和刺槐等。凤梨虽也是用蘖枝繁殖,但生产上常称之为根蘖或根出条繁殖。

③分根颈。由茎与根接处产生分枝,草本植物的根颈是植物每年生长新条的部分,如八仙花、荷兰菊、玉簪、紫萼和萱草等,单子叶

植物更为常见。木本植物的根颈产生于根与茎的过渡处,如樱桃、腊梅、木绣球、夹竹桃、紫荆、结香、麻叶绣球等。此外,根颈分枝常有一段很短的匍匐茎,故有时很难与短匍匐茎区分。

其他分株法还有分珠芽法,如百合科的某些种类,例如,卷丹、观赏葱等常用此法繁殖;分走茎法,如吊兰、虎耳草、狗牙根、野牛草等常用此法繁殖。

(2)分球繁殖 分球繁殖是指利用具有储藏作用的地下变态器官(或特化器官)进行繁殖的一种方法。地下变态器官种类很多,依变异来源和形状不同,分为鳞茎、球茎、块茎、根茎和块根等。

①鳞茎。鳞茎有短缩的鳞茎盘,肥厚多肉的鳞叶就着生在鳞茎盘上。鳞茎常见于单子叶植物,通常植物发生结构变态后成为储藏器官。鳞茎的顶端可发生真叶和花序,鳞叶之间也可发生腋芽,每年可从腋芽中产生一个至数个子鳞茎并从老鳞茎旁分离开。如郁金香、水仙、百合花等常用鳞茎来繁殖。

②球茎。球茎为茎轴基部膨大的地下变态茎,短缩肥厚呈球形,为植物的储藏营养器官。球茎上有节、退化叶片和侧芽。老球茎萌发后在基部形成新球,新球旁再形成子球。新球、子球和老球都可作为繁殖体另行种植,也可切割带芽球茎繁殖。秋季叶片枯黄时将球茎挖出,在通风、温度为32~35℃、相对湿度为80%~85%的条件下自然晾干,依球茎大小分级,储藏在温度约5℃、相对湿度为70%~80%的条件下。春季栽种前,用适当的杀菌剂、热水等处理球茎。如唐菖蒲、香雪兰、番红花等均用此法繁殖。

③块茎。块茎是匍匐茎的次顶端部位膨大形成的变态地下茎。块茎含有节,有一个或多个小芽,由叶痕包裹。块茎储藏于繁殖器官,冬季休眠,第二年春季形成新茎而开始一个新的周期,主茎基部形成不定根,侧芽横向生长为匍匐茎。块茎的繁殖可用整个块茎进行,也可带芽切割。花叶芋、菊芋、仙客来等可用此法繁殖,但仙客来不能自然分生块茎,故也常用种子繁殖。

④根茎。根茎也是特化的茎结构,主轴沿地表水平方向生长,鸢尾、铃兰、美人蕉等都有根茎结构。根茎含有许多节和节间,每节上有叶状鞘,节的附近发育出不定根和侧生长点。根茎代表着连续的营养阶段和生殖阶段,其生长周期是从在开花部位孕育和生长出侧枝开始的。根茎的繁殖通常在生长期开始的早期或生长末期进行。根茎段扦插时,要保证每段至少带一个侧芽或芽眼,实际上相当于茎插繁殖。

⑤块根。许多花卉在地下变粗的茎是真正的根,没有节与节间,芽仅存在于根茎或茎端,繁殖时要带根茎部分繁殖。如大丽花、小丽花、花毛茛等常用块根繁殖。

2. 扦插繁殖

扦插繁殖是利用植物营养器官(茎、叶、根)的再生能力或分生机能,将其从母体上切取,在适宜条件下,促使其发生不定芽和不定根,成为新植株的繁殖方法。用这种方法培养的植株比播种苗生长快,开花早,短时间内可育成多数较大幼苗,能保持原有品种的特性。扦插苗无主根,根系常较播种苗弱,多为浅根。对不易产生种子的花卉,多采用这种繁殖方法。它也是多年生花卉的主要繁殖方法之一。

依扦插花卉材料、插穗成熟度分为叶插(全叶插和片叶插)、茎插(单芽插、软材扦插、半软材扦插)、根插。

(1)叶插 用于能自叶上发生不定芽及不定根的种类。凡能进行叶插的花卉,大都具有粗壮的叶柄、叶脉或肥厚的叶片。叶插须选取发育充实的叶片,在设备良好的繁殖床内进行操作,以维持适宜的温度及湿度,才能获得良好的效果。

①全叶插。以完整叶片为插穗。

平置法:切去叶柄,将叶片平铺于沙面上,用铁针或竹针等固定于沙面上,下面与沙面紧接,大叶落地生根从叶缘处产生幼小植株。蟆叶秋海棠和彩纹秋海棠自叶片基部或叶脉处产生植株。蟆叶秋海棠叶片较大,可在各粗壮叶脉上用小刀切断,在切断处形成愈伤组织,再长成幼小植株。

直插法:也称叶柄插法,将叶柄插入沙中,叶片立于面上,叶柄基部就发生不定芽。大岩桐进行叶插时,首先在叶柄基部发生小块茎,之后发生根与芽。用此法繁殖的花卉还有非洲紫罗兰、豆瓣绿、球兰、虎尾兰等。百合的鳞片也可以扦插。

②片叶插。将一个叶片分切为数块,分别进行扦插,使每块叶片上形成不定芽。用此法进行繁殖的有蟆叶秋海棠、大岩桐、豆瓣绿、虎尾兰、八仙花等。

将蟆叶秋海棠叶柄叶片基部剪去,按主脉分布情况,分切为数块,使每块上都有一条主脉,再剪去叶缘较薄的部分,以减少蒸发,然后将其下端插入沙中,不久就从叶脉基部发生幼小植株。大岩桐也可采用片叶插,即在各对侧脉下方自主脉处切开,再切去叶脉下方较薄部分,分别把每块叶片下端插入沙中,在主脉下端就可生出幼小植株。椒草叶厚而小,沿中脉分切左右两块,下端插入沙中,可自主脉处发生幼株。虎尾兰的叶片较长,可横切成5~10厘米的小段,将叶段下端插入沙中,自下端可生出幼株。虎尾兰分割后应注意不可使其上下颠倒,否则影响成活。

(2)茎插　茎插既可以在露地进行,也可在室内进行。露地扦插可以利用露地插床进行大量繁殖,依季节及种类的不同,可以覆盖塑料棚保温、遮阴棚遮光或喷雾处理,以利成活。少量繁殖或寒冷季节也可以在室内进行扣瓶扦插、大盆密插及暗瓶水插。茎插成活的关键是根系的发生。应依花卉种类、繁殖数量以及季节的不同采用不同的扦插方法。

①单芽插。单芽插主要是温室花木类使用。插穗仅有一芽附一片叶,芽下部带有盾形茎部一片,或一小段茎,将其插入沙床中,仅露芽尖即可。插后最好盖一玻璃罩,防止水分过量蒸发。叶插不易产生不定芽的种类宜采用此法,如橡皮树、山茶花、桂花、天竺葵、八仙

花、宿根福禄考、彩叶草、菊花等均采用单芽插。

②软材扦插(生长期扦插)。宿根花卉常用此法。选取枝梢部分为插穗,长度依花卉种类、节间长度及组织软硬而异,通常为5～10厘米。组织以老熟适中为宜,过于柔嫩易腐烂,过老则生根缓慢,若来自生长强健或年龄较幼的母本枝条,生根率较高。软材扦插必须保留一部分叶片,若去掉全部叶片则难生根。对叶片较大的种类,为避免水分蒸腾过多,可把叶片的一部分剪掉。切口位置宜靠近节下方,切口以平剪、光滑为好。多汁液种类应使切口干燥半日至数天后扦插,以防腐烂。对多数花卉宜在扦插之前剪取插条,以提高成活率。

③半软材扦插。温室木本花卉常用此法。插穗应选取较充实的部分,如果枝梢过嫩可弃去枝梢,保留下段枝条备用,如月季、冬青、茶花等常用半软材扦插。

(3)**根插** 有些宿根花卉能从根上产生不定芽形成幼株,可采用根插繁殖。用根插繁殖的花卉大多具有粗壮的根,根的直径应不小于2毫米。同种花卉,根较粗、较长者含营养物质多,也易成活。晚秋或早春均可进行根插,也可在秋季掘起母株,储藏根系过冬,至来年春季扦插。冬季也可在温室或温床内进行扦插。

用根插的花卉有蓍草、牛舌草、秋牡丹、灯罩风铃草、肥皂草、毛蕊花、白绒毛矢车菊、剪秋罗、宿根福禄考等,一般在温室或温床中进行。把根剪成3～5厘米长,撒播于浅箱、花盆的沙面上(或播种用土),覆土(沙)约1厘米,保持土壤湿润,待根产生不定芽之后进行移植。还有一些花卉,根部粗大或带肉质,如芍药、荷包牡丹、宿根霞草等,可将根横向剪成3～8厘米的根段,把根段垂直插入土中,上端稍露出土面,待其生出不定芽后进行移植。

3.嫁接及压条繁殖

(1)**嫁接繁殖** 嫁接是将植物体的一部分(接穗)嫁接到另外一

个植物体(砧木)上,其组织相互愈合后,培养成独立个体的繁殖方法。砧木吸收的养分及水分输送给接穗,接穗又把同化后的物质输送到砧木,形成共生关系。嫁接成败的关键是嫁接的亲和力。砧木的选择,应注意其适应性及抗性,最好能调节树势。

园林花卉中除了木本植物采用嫁接外,草本花卉应用不多。草木中一是宿根花卉中菊花常以嫁接法进行栽培,如大丽菊、塔菊等,用黄蒿或白蒿为砧木嫁接菊花品种而成;二是仙人掌科植物常采用嫁接法进行繁殖,嫁接繁殖的同时还具有造型作用。

嫁接繁殖是一些扦插不易生根的种类,以及不产生种子的重瓣花品种繁殖的重要途径,如山茶、牡丹、白兰、桂花等;嫁接繁殖可以使花卉保持原有品种的优良特性;嫁接繁殖可以使花卉提早开花;嫁接繁殖可以提高花木的适应性,如碧桃在南方用毛桃做砧木可以提高碧桃的耐湿性,在北方用山桃作砧木可以提高碧桃的抗寒性;嫁接繁殖可改变花卉的株形及寿命,如碧桃接在寿星桃上,可使花卉的树形变矮小,并提早开花,梅花接在杏砧或梅砧上,比接在山桃或毛桃上的寿命要长。

嫁接繁殖分为枝接、根接和芽接。

①枝接分为切接法、劈接法和靠接法。

切接法:此法适用于较小砧木。嫁接时在近地面约6厘米处剪断,并削平切面,然后从一侧稍带木质部垂直切下,其长度与接穗切面等长,约3厘米。接穗具有2~4芽,选接穗下部光滑的一面,深入木质部向下削一平面,长约3厘米,其背面削一小斜切面,长约1厘米。接穗削好后,将大切面对着砧木切口,使接穗与砧木形成层对齐,然后用麻皮或塑料条绑紧。必要时可在接口处涂以接蜡或培土,以防接口干燥。

劈接法:此法适用于较粗的砧木。接穗留2~4芽,下端削成楔形,如砧木较细只接一枝者,则外侧稍厚、内侧稍薄,削面长3~4厘米。在砧木切口中间向下劈一切口,在接穗插入时,可用劈接刀的先端撬开切口,同时将接穗插入,务必使外侧形成层密切接合。通常一个接口可以接 1~2 个接穗,粗的砧木可以接上 4 个接穗。但接穗愈多,伤口愈大,则不易愈合,因此通常只接 1~2 枝。此法除广泛用于木本花卉外,还多用于草本及仙人掌科花卉。

靠接法:常用于一些扦插困难,而用其他嫁接不易成活的花木,如山茶、桂花、白兰、鸡爪槭等珍贵品种。此法在花木生长期间自春至秋随时都可进行。嫁接前须先将砧木与接穗移植在一起,或将其中之一预先栽到盆中,以使两者靠近,并选两者粗细相近的枝条进行。嫁接时将砧木与接穗两者枝条接合处各削去等长的切口,深达近中部,然后使两者形成层密切接合,如两者切口宽度不等时,应使一侧形成层密接。接穗去皮处的背面宜有一芽,以利于树液流动。最后用塑料带绑严,等切口愈合后剪去砧木的上部和接穗的下部,即形成一新植株。

②根接是用根作砧木进行嫁接的方法,适用于牡丹、月季、玉兰、木槿、铁线莲等。嫁接在种子休眠期进行,一般多在冬季和早春。嫁接可用切接、劈接、舌接等枝接方法。

③芽接分盾形芽接法和嵌芽接。

盾形芽接法:又称"T"字形芽接。一般适用于小砧木,如砧木过大,树皮厚反而影响成活。接穗采自当年生枝条,选发育充实、无病虫害之枝,取枝条中段的芽。嫁接时先从接穗上取芽。取芽方法为用左手倒持接穗枝条,用右手自芽的下方向上削取,深达木质部外缘,但不宜过多附有木质部。芽片成盾形,芽在芽片正中或稍偏上,并保留一段叶柄。于近地面砧木树皮光滑一面,用芽接刀切成"T"字切口,再用刀将切口剥开,将削好的接芽插入切口中,使之密合,最后用麻皮或塑料带绑紧,但要使叶柄露在外面。经过 10 天左右时间,如果叶柄一触即落,则是成活的象征;如果叶柄不落,则是未接活。

嵌芽接:一般芽接要求砧木离皮时进行,所以只能在生长期间进行。但是嵌芽接不限于在砧木离皮时进行,所以从早春可以一直芽接到秋季,但是通常在砧木离皮期间不多采用。接芽为一年生枝带木质部。春季芽接时用去年生枝条,夏、秋芽接则用当年生枝条。取芽方法似盾形芽接,但自芽的上方向下削取,深达木质部,然后在芽的下方横一刀将芽取下,随后即嵌入砧木大小相同的缺刻中,最后用麻皮或塑料带绑紧,叶柄留在外面。

(2)**压条繁殖** 压条繁殖就是将接近地面的枝条,在其基部堆土或将其下部压入土中;较高的枝条则采用高压法,即以湿润土壤或青苔包围枝条被切伤部分,给予生根的环境条件,待生根后剪离,重新栽植成独立新株。

一般露地苗圃花卉极少采用压条繁殖,仅有一些温室花木类有时采用高压法繁殖。压条生根所需时间依花卉种类而异,草本花卉易生根而花木类生根时间较长,从几十天到一年不等,一年生枝条容易生根,当根系充分地自切伤处发生时,即可自主根部下面与母本剪离另行栽植。自母本分离后,生根的枝条宜暂时置于背阴处有利于其生长。

这种方法的优点是茎上能生根,许多植物不能用扦插生根,用压条则可获得自根苗,且容易成活;能保持原有品种的特性。

压条繁殖方法有单枝压条、波状压条、堆土压条和空中压条。

①单枝压条。选择接近地面的枝条,将下部刻伤或环剥,然后将其埋入土中。多用于丛生灌木,如腊梅、迎春、栀子、夹竹桃等。

②波状压条。将接近地面的枝条,刻伤或环剥后压入土中数处,使露出地面的部分呈现波状。用于枝条长而柔软及蔓性的花木,如紫藤、常春藤、铁线莲、凌霄等。

③堆土压条。对萌蘖性强的灌木可在其基部刻伤后堆土压条。多用于杜鹃、牡丹、贴梗海棠等。

④空中压条。又称高空压条法。将枝条刻伤,用湿润土壤或青苔包围枝条切伤部分,待生根后剪离。此法用于基部不易萌发枝条,

或枝条不易弯曲的花木,如山茶、叶子花、龙血树、桂花、广玉兰、橡皮树等。

4. 孢子繁殖

(1)孢子繁殖的特点 孢子繁殖在植物界比较广泛,但在花卉中仅见于蕨类。蕨类植物的孢子是经过减数分裂形成的单个细胞,含有单倍数的染色体,只有在一定的湿度、温度及pH下才能萌发成原叶体。原叶体微小,只有假根,不耐干燥与强光,必须在有水的条件下才能完成受精作用,发育成胚而再萌发成蕨类的植物体(孢子体)。成熟的孢子体上又产生大量的孢子,但在自然条件下,只有处于适宜条件下的孢子能发育成原叶体,也只有少部分原叶体能继续发育成孢子体。

(2)孢子人工繁殖的方法 孢子人工繁殖能取得大量幼苗,但孢子细微,培养期间抗逆性弱,需精细管理,在空气湿度高及不受病害感染环境条件下才易成功。培养步骤如下:

①孢子的收集。蕨类的孢子囊群多着生于叶背。人工繁殖宜选用孢子已成熟但尚未开裂的囊群。用手执放大镜检查,未成熟的囊群呈白色或浅褐色。选取囊群已变褐色但尚未开裂的叶片,放薄纸袋内于室温(21℃)下干燥1周,孢子便自行自孢子囊中散出。除尽杂物后将收集的孢子移入密封玻璃瓶中冷藏以备播种用。

②基质。播种基质以保湿性强而排水良好的人工配合基质最好,常用2/3清洁的水藓与1/3珍珠岩混合而成。

③播种和管理。将基质放在浅盘内,稍压实,弄平后播入孢子。播后覆以玻璃保湿,放于18~24℃无直射日光处培养。发芽期间用不含高盐分的水喷洒,使之一直保持高的空气湿度。孢子20天左右开始发芽,从绿色小点逐渐扩展成平卧基质表面的半透明绿色原叶体,直径不及1厘米,顶端略凹入,腹面以假根附着基质吸收水分养料。原叶体生长3~6个月后,腹面的卵细胞受精产生合子,合子发

育成胚,胚继续生长便生出初生根及直立的初生叶。不久又从生长点发育成地上茎,并不断产生新叶,逐渐长大成苗。

④移栽。若原叶体太密,在生长期中可移栽1~2次。第一次在原叶体已充分发育但尚未见初生叶时移栽,第二次在初生叶生出后进行。用镊子将原叶体带土取出,不要弄伤原叶体,按2厘米左右的株行距植于盛有与播种相同基质的浅盘中。移栽后仍按播种时相同的方法管理,至植株长出几片真叶时再分栽。

三、组织培养繁殖

植物组织培养是指在无菌条件下,分离植物体的一部分(外植体),接种到人工配制的培养基上,在人工控制的环境条件下,使其产生完整植株的过程。由于培养的对象是脱离了母体的外植体,且在试管内培养,所以也称植物离体培养或试管培养。

植物组织培养是一门生物技术,应用范围和领域极其广泛,如良种快繁、茎尖培养脱病毒、植物育种、种质资源保存、培育人工种子、次生代谢产物的生产、遗传学、分子生物学、病理学研究等。近年来,该技术已在苗木的繁殖上得到广泛应用,尤其在园林植物上的应用更为广泛,取得了令人瞩目的成就,并为人们展示了无限广阔的前景。

采用植物组织培养技术进行扩大繁殖,是目前良种繁育的有效途径。由于这一繁殖方法具有很高的繁殖速度,因此也称为快速繁殖。同时,茎尖培养是无性繁殖,所以可以保持良种的优良性状的遗传稳定性和一致性。对于新育成的、新引进的及新发现的稀缺良种的快速繁殖,组织培养是更为有效的繁殖途径。

良种快速繁育是目前植物组织培养技术应用最多、最广泛和最有效的一个方面。观赏植物、园艺作物、经济林木中的部分或大部分均可用离体繁殖的方法提供苗木,有些已实现了产业化生产。园艺作物占离体繁殖作物的绝大多数,园艺作物中又以花卉为主。花卉生产是良种快速繁育技术应用最成功的领域。

1. 组织培养繁殖的特点

(1)可控性强 根据不同的花卉对环境条件的要求进行人为控制。外植体是在人为提供的培养基质中进行生长,根据需要可随时调节营养成分及培养的条件,因而摆脱了大自然四季、昼夜以及多变的气候对于花卉的生长带来的影响,环境稳定,更有利于花卉的生长,可以稳定地进行周年生产。

(2)节省材料 花卉的茎尖及腋芽、根、茎、叶、花瓣、花柄等均可作为培养的材料,只需取母株上的极小部分即可繁殖大量的再生植株,尤其适用名贵、珍稀及新特的花卉中原材料少、繁殖困难的种类。

(3)生长周期短,繁殖速度快 完全在人为控制的条件下进行,可有的放矢,根据不同的花卉种类、不同的离体部位而提供不同的生长条件,生长繁殖速度快,生长周期短。一般草本花卉20天左右即可完成一个繁殖周期;木本花卉的繁殖周期较草本花卉长一些,一般在1~2月内继代繁殖一次。而且每一继代的繁殖数量是以几何级数增长的。例如,兰花的某些种,一个外植体在一年内可增殖几百万个原球茎,有利于大规模的工厂化生产。尤其对于采用常规繁殖方法繁殖率低或难于采用常规繁殖方法繁殖的优良花卉种类,组织培养是进行快速繁殖的行之有效的途径。

(4)后代整齐一致 试管繁殖实际上是一种微型的无性繁殖,取材于同一个体的体细胞而不是性细胞。因此,其后代遗传性一致,能保持原有品种的优良性状。

(5)管理方便 人工调控植物生长所需要的营养和环境条件,进行高度集约化、高密度的科学培养生产,较田间的常规繁殖和生产省去了除草、浇水、病虫害防治等繁琐的管理环节,有利于自动化和工厂化生产。

(6)需要一定的设备和药品 试管繁殖需要的设备和药品包括

接种台、培养室、培养基用药、高压灭菌设备等。

2. 组织培养快速繁殖的基本要求和一般程序

(1) 花卉组织培养快速繁殖的基本要求

①建立一套用于组织培养快速繁殖的实验室及试管苗移栽的配套温室。进行试管快速繁殖需要具备相应的与生产规模配套的组织培养实验室或组培生产车间和移栽用的温室,以及必需的仪器和设备、培养容器及操作工具等。

②具有严格的无菌操作条件。试管繁殖的全过程均是在无菌条件下进行的,如不能保证严格的无菌条件和无菌操作,将会导致繁殖的失败,造成人力、物力、财力的浪费。

③较高素质的技术人员和操作人员。花卉试管快速繁殖生产是一种综合性且科技含量高的密集型集约化生产,要求技术人员的知识范围广,具较高的生产管理水平,以及一定的操作技能,并进行合理分工。

(2) 花卉组织培养快速繁殖的一般程序 外植体的选取和采集;无菌培养体系的建立;初代培养;继代增殖;生根;试管苗的锻炼及移栽。

由此可以看出,花卉的大规模组织培养快速繁殖生产需要严密的计划和科学的组织管理,只有按照一定的科学程序,才能在花卉业中生存和发展。

第四章
苗圃花卉的栽培技术

一、露地栽培

露地花卉一般都是直接栽种在地里,因此又称地栽花卉,其整个生长发育过程在露地完成,冬季不需加保护设施而自然越冬,其生长周期与露地自然条件的变化周期基本一致。露地花卉包括一年、二年生的宿根花卉、球根花卉、水生花卉等。

露地花卉适应性强,栽培管理方便,省时、省工,栽培设备简单,生产程序简便,成本低廉,适栽种类繁多,被广泛地应用于花坛、花境及各种园林绿地。露地栽培是花卉栽培的主要形式之一。

1. 选地

露地花卉栽培首先要进行选地,即根据不同种类花卉对土壤的不同要求选择适宜的栽培地块。土地的适宜与否和土壤质地、土壤结构、土壤有机质、土壤通气性与土壤水分以及土壤酸碱度等状况密切相关。

2. 整地做畦

整地质量的好坏与花卉的生长、发育有重要关系。土地经过深耕,可促进土壤风化并有利于土壤有益微生物的活动,同时也将病菌、地下害虫暴露出来,便于杀灭。此外,深耕可使土壤松软,有利于空气的流通及土壤水分的保持。

整地的做法是:先翻耕土壤,细碎土块,清除石块、瓦片、残根断株及杂草等,施入已经腐熟的有机肥,掺入少量过磷酸钙,然后耙平,并用福尔马林等药物消毒。深翻的强度与花卉的种类有关,一年、二年生花卉深翻20~30厘米,球根花卉深翻30~40厘米,宿根花卉根系强大,需深翻40~50厘米。整好地后做畦。北方干旱地区多用平畦,而南方多雨地区应用高畦,其畦面高出地面便于排水。至于畦的长短、宽窄,可按地块的情况及当地的习惯而定。

3.间苗、移栽

播种后,若出苗稠密,影响幼苗健壮生长,应进行间苗,以扩大株距,保证花苗的良好生长。间苗通常在子叶发育后进行,不可过迟,否则过于拥挤会引起苗株徒长。

移植包括"起苗"和"栽植"两个步骤。起苗就是把花苗从苗床起出。一般在花苗生出5~6枚真叶时进行起苗,起的苗有裸根苗和带土苗两种。裸根起苗一般多用于小苗或易成活的大苗,对移栽不易成活的花卉种类多用带土苗进行移栽。

栽植又包括"定植"与"假植"。定植即幼苗栽植后不再移植;假植是指幼苗栽植后经过一定时间生长还要再进行定位。大部分花苗都要进行两次移植。第一次是从苗床上移出来,先栽在花圃地内,加大株行距,即扩大幼苗的营养面积,增加日照,促进空气流通,使幼苗生长健壮。同时在移植幼苗时切断直根,促发侧根,抑制徒长。第二次移植多定植在花坛或绿地。还有些花卉要进行多次移植。

为防止根系干燥,生产上也有将花苗从起出后到移植前培上湿润土壤暂时放置,这称为"假植"或"蹲苗",这种"假植"的含义与上面的"假植"不同。

4. 中耕除草

中耕能疏松表土,减少水分的蒸发,增加土温,促使土壤内的空气流通及土壤中有益微生物的繁殖和活动,从而促进土壤中养分的分解,为花卉根系的生长和养分的吸收创造良好的条件。通常在中耕的同时除去杂草,但除草不能代替中耕,在雨后或灌溉后,即使没有杂草,也要进行中耕。

5. 防寒越冬

我国北方在严寒冬季到来之前,对不耐寒的花卉应及时进行防寒,以保证安全越冬。

(1)灌水法 每年冬季封冻前浇足防冻水是防寒的首要工作,冬灌有保温增温的效果。灌溉后土壤湿润,热容量大,同时还能提高空气中的含水量。空气中的蒸汽凝结成水滴时放出潜热,也能提高气温,减轻或防止冻害。

(2)盖粪压土 对多年生宿根花卉,应于根际上盖厚10厘米的马粪或堆肥,上面用土压实。

(3)包草埋土 对不耐寒的木本花卉,应在清除枯枝烂叶后,用草绳将枝条捆拢,然后包上厚5~8厘米的稻草捆紧。最后在稻草基部堆高约20厘米的土堆并压实。

(4)设风障 面积大、数量多的草本花卉,可在北面设高约1.8米的风障进行防寒。

(5)架席圈 对植株高大、不耐寒的木本花卉,可在东、西、北三面设立支柱,往外围席防寒。

二、容器栽培

将栽植于各类容器中的花卉统称盆栽花卉,简称盆花或盆栽。盆栽便于控制花卉生长的各种条件,有利于促成栽培,便于搬移,既可陈设于室内,又可布置于庭院。盆栽易于抑制花卉的营养生长,促进植物的发育,在适当水肥管理条件下盆栽植物常矮化,叶茂花多。

1. 花盆及培养土

(1)花盆 花卉盆栽应选择适当的花盆。随着科技的发展,花盆的类型已多种多样,通常依质地、大小及应用目的可以分为素烧盆、陶瓷盆、木盆或木桶、水养盆、兰盆、盆景盆、纸盆、塑料盆等。

(2)培养土 花卉盆栽时因容积有限,要求盆土必须具有良好的物理性状,疏松透气,排水顺畅,利于气体交换,避免盆底积水影响根系呼吸;腐殖质丰富,营养充足,保证花卉生长发育的营养需要;有较好的蓄水、保肥能力,提高有限营养面积上的肥水利用率;酸碱度和含盐量适宜,符合花卉生长的需要;同时培养土中不能含有有害微生物和其他有毒的物质。如果自然土壤不能满足盆栽用土的这些要求,生产中就必须人工配制。

①培养土的种类。培养土常用的有园田土、腐叶土、堆肥土、河沙、泥炭、塘泥、松针土、蛭石、棕皮、水苔等。

•园田土。最好是菜园或种过豆科作物的表层沙壤土,其优点是具有一定的肥力,保水及保肥性好;缺点是容易板结,透水性能差。园田土为调制盆栽培养土的主要原料之一。

•腐叶土。腐叶土由落叶、园土、厩肥等层层堆积腐熟而成。腐叶土有机质丰富,质地疏松,保水保肥性能良好,富含丰富的腐殖质,是基质中形成土壤结构的重要材料。在盆花传统生产过程中,腐叶土是配制盆栽基质的必需材料。

•堆肥土。由植物的残枝落叶、旧盆土、垃圾废物等一层一层地堆积起来,经发酵腐熟而成。堆肥土含有较多的腐殖质和矿物质,是盆花传统生产过程中配制基质的常用材料。

•河沙。河沙的优点是容易得到、便宜、透气性好,缺点是容重高。在盆栽基质的配制中,河沙起透气滤水的作用,但是由于较重,在混合基质中其体积不能超过 1/4。

• 泥炭。泥炭是古代低湿地区生长植物的残体在淹水少气的条件下形成的松软堆积物。分解较差的泥炭，多为棕黄色或浅褐色。分解好的泥炭呈黑色或深褐色，风干后易粉碎。泥炭质地松软，透水透气及保水性能良好，是配制培养土的重要原料之一。

• 塘泥。塘泥是雨水冲刷泥土、污水、枯枝落叶，加上水生动物的排泄物与遗体、水生植物的残体等汇集于河、塘底部，经过长期嫌气条件分解形成。塘泥含有较多的有机质，而且养分全面，呈酸性反应。缺点是含有毒物质，需要挖出后存放晾干，促使有毒物质分解后再施用。

• 松针土。松针土是松、柏科针叶树的落叶长期堆积腐熟而成。松针土呈强酸性反应，pH 为 3.5～4.0，腐殖质含量高，适宜于栽培喜酸性土的花卉。

• 蛭石。蛭石是一种在 1000℃ 高温下膨胀而成的云母状镁硅铁盐，具有质轻、疏松、能吸收大量水肥等优点。蛭石用于配制培养土可改良基质的通气和保水保肥性能。一般选用 4～5 毫米蛭石碎片配制培养土。

• 棕皮。棕皮是棕树的纤维状皮经粉碎后获得的。

• 水苔。由新鲜苔晒干制成，有良好的吸水性和保水能力。棕皮和水苔等多用作附生类花卉的栽培基质。如水苔常用于热带兰类的栽培。

②培养土的选择和配制。盆栽花卉的培养土是用数种土配制而成的，不同种类的花卉，选用的土不同。即使同一种花卉，在不同的生长发育阶段，对培养土的要求也不相同。例如，播种和幼苗移植用土，必须用疏松的土壤，不加肥分或只有微量的肥分。相反大苗或成年植株，则要求较致密的土质和较多的肥分。

一年、二年生花卉播种用土比例为：腐叶土∶园土∶河沙＝5∶3∶2。定植用土比例为：腐叶土∶园土∶河沙∶骨粉＝4∶5∶1∶0.5。

常绿木本花卉在幼苗期间要求较多的腐殖质,所用培养土大致比例为:腐叶土:园土:河沙=4:4:2。植株成长后,腐叶土的量应减少。

喜酸性土的花卉,如山茶、杜鹃、栀子等和大多数观叶植物培养土的比例为:泥炭土:粗沙:骨粉=6:4:0.5。

附生兰培养土的比例为:棕皮(水苔):蛭石:珍珠岩(河沙)=4:4:2。

蕨类植物培养土的比例为:棕皮(水苔):腐叶土:河沙:泥炭土=4:4:2:6。

上述几种培养土配制比例并非一成不变。在实际应用中,可根据植物要求和当地条件,因地制宜酌情调配。华北地区常用腐叶土,华南常用塘泥,上海多用砻糠灰、草木灰、塘泥等,杭州用香精厂生产香精后废弃的鲜花残渣和蛭石等配制的培养土。虽然各地所用原料不同,但都能培育出好花。

国外最常用的是U.C.标准盆栽土,主要成分是细沙和泥炭藓,沙粒大小为0.05~0.5毫米,泥炭藓必须是粉碎的。根据需要,采用不同比例。细沙:泥炭藓=3:1,用于扦插苗床;细沙:泥炭藓=1:1,用于盆栽;细沙:泥炭藓=1:3,用于苗床、盆栽。

2.上盆、换盆、转盆与倒盆

(1)**上盆** 将花盆、苗床或穴盘中繁殖的幼苗栽植到花盆中去的操作过程,称为上盆。

上盆时应根据植株的大小和品种、生长的速度来选择大小适合的花盆。盆太大,占地面积大,水分不易掌握。上盆时应注意不要伤害根系,特别是细小的毛根。栽植完毕后轻轻压实盆土,然后浇水。刚上盆的小苗不能放到太阳下晒,要放到遮阴处放置2~3天后,再放到适当位置。

(2)**换盆** 换盆就是把盆栽的植物换到另一盆中去。换盆包含小盆换大盆和换土。

①小盆换大盆。随着幼苗的生长,根系在原来的盆内无再伸展的余地,必须从小盆换到大盆中。

②换土。如果植株已经充分长大,不需要更换更大的花盆,只是原来土壤养分丧失,物理性质变劣,换盆只是为了修整根系和更换培养土,盆的大小可以不变。

换盆的具体操作是:把植株从原盆中脱出,去掉部分原土,把已结网的须根以及烂根剪掉,放入新盆或原盆中,同时添加一部分新的培养土。不同种类的盆花换盆次数不同,一般温室中一年、二年生花卉生长迅速,到开花前要换2~4次;宿根花卉一年换盆1次;木本花卉2年或3年换1次。换盆后应充分浇水,使根与土壤紧密接触,然后放阴处缓苗2~3天后,再移入合适处生长。

(3) **转盆** 单屋面温室及不等屋面温室,光线自一侧射入,植物易发生向光弯曲及向光生长。为防止偏光生长、破坏匀称圆整的株形,每隔数日要转换花盆方向。

(4) **倒盆** 倒盆就是指将花盆从温室的一个部位倒至另一个部位。盆花放置部位不同,光照、通风、温度等环境影响因子不同,则盆花生长各异,为使生长均匀一致,经过一段时间,需要进行一次倒盆。

三、无土栽培

1. 无土栽培的含义

无土栽培是近几十年来发展起来的一种作物栽培新技术。无土栽培从狭义的角度讲又称为营养液栽培、溶液栽培、水耕、水培等。而随着无土栽培技术的不断完善,其含义也不断在扩展,国际无土栽培学会对无土栽培的定义是:不采用天然土壤而利用基质或营养液进行灌溉栽培的方法,包括基质育苗,统称无土栽培。

2. 无土栽培的特点和发展前景

(1) 无土栽培的特点

①作物长势强、产量高、品质好。无土栽培和园艺设施相结合能合理调节作物生长的光、温、水、气、肥等环境条件,充分发挥作物的生产潜力。无土栽培单位面积产花量高,花朵的质量标准一致,特别适用于大量商品性切花生产。如无土栽培香石竹单株开花数为 9 朵,裂萼率为 8%,而土壤栽培则分别为 5 朵和 9%。

②省水、省肥、省力、省工。无土栽培可以避免土壤灌溉水分、养分的流失和渗漏,有利于土壤微生物的吸收固定,充分被作物吸收利用,提高利用率。无土栽培的耗水量只有土壤栽培的 1/4~1/10,节省水资源,尤其是对于干旱缺水地区的作物种植有着极其重要的意义;是发展节水型农业的有效措施之一;土壤栽培肥料利用率大约只有 50%,甚至低至 20%~30%,一半以上的养分损失,而无土栽培尤其是封闭式营养液循环栽培,肥料利用率高达 90% 以上,即使是开放式无土栽培系统,营养液的流失也很少;无土栽培省去了繁重的翻地、中耕、整畦、除草等体力劳动,而且随着无土栽培生产管理设施中计算机和智能系统的使用,逐步实现了机械化和自动化操作,大大降低了劳动强度,节省了劳动力,提高了劳动生产率,可采用与工业生产相似的方式来培育花卉。

③病虫害少,可避免土壤连作障碍。无土栽培和园艺设施相结合,在相对封闭的环境条件下进行,在一定程度上避免了外界环境和土壤病原菌及害虫对作物的侵袭,加之作物生长健壮,因此,病虫害的发生较轻微,也较容易控制;不存在土壤种植中因施用有机粪尿而带来的寄生虫卵及重金属、化学有害物质等公害污染。

④扩展了农业生产空间。无土栽培使作物生产摆脱了土壤的约束,可极大地扩展农业生产的可利用空间。空闲的荒山、荒地、河滩、海岛,甚至沙漠、戈壁滩都可采用无土栽培进行作物生产,特别在人

口密集的城市,可利用楼顶凉台、阳台等空间栽培作物,帮助改善人们的生存环境,在温室等园艺设施内可发展多层立体栽培,充分利用空间,挖掘园艺设施的农业生产潜力。

⑤有利于实现农业生产的现代化。无土栽培通过多学科、多种技术的融合,现代化仪器、仪表、操作机械的使用,可以按照人的意志进行作物生产,属于可控环境的现代农业生产,有利于实现农业机械化、自动化,从而逐步走向现代化。

然而必须指出,无土栽培中还存在一些不足,主要表现在:一是一次性投资较大,用电多,肥料费用高;二是对技术水平要求高,营养液的配制、调整与管理都要求由一些具有专门知识的人才来管理。针对存在的这些不足,中国农业科学院蔬菜花卉研究所已研制出更适合我国国情的有机生态型无土栽培方法,使无土栽培的成本降低,可操作性增强。

(2)无土栽培的发展前景 无土栽培技术的发展,使人类对作物不同生育时期的整个环境条件进行精密控制成为可能,从而使农业生产有可能彻底摆脱自然条件的制约,按照人类的愿望,向着空间化、机械化、自动化和工厂化的方向发展,将会使农作物产量和品质得以大幅度提高。

欧洲、北美、日本等先进技术的国家,普遍存在农业人口逐年减少,劳动力逐年老龄化,劳动成本逐年加大等问题,解决这些问题的对策就是实行栽培设施化、作业机械化、控制自动化,无土栽培将成为其重要的解决途径和关键技术。发达国家既有技术和设施,资金又雄厚,无土栽培必定向着高度设施化、现代化方向发展,植物工厂就是精密的无土栽培设施,它具有生产回转率高、产品洁净、无公害等优点。如美国的怀特克公司、艾克诺公司,加拿大的冈本农园,日本的富士农园、三浦农园、原井农园等都是已进入实用化的植物工厂。

无土栽培可以说是高科技农业、都市农业、娱乐观光农业、高效农业、环保型农业和节水农业的最佳形式。

3.无土栽培的方法

从不同的角度来看,无土栽培的类型多种多样,例如,根据基质对根系的固定状态,其可以分为基质栽培、半基质栽培和非基质栽培;根据基质性质进行分类,其可以分为有机基质栽培、无机基质栽培;根据养分的循环状况,其可以分为开路式栽培、闭路式栽培;根据栽培设施分类,其可以分为单一式栽培、简易式栽培、综合式栽培。

(1)基质类型 根据栽培基质形态可以把它分为固体栽培基质和非固体栽培基质2种类型。

①固体栽培基质类型。固体栽培基质类型又可分为有机基质和无机基质两种类型。

·有机基质。有机基质的化学性质一般较不稳定,它们通常具有较高的阳离子交换量,其蓄肥能力相对较强。在花卉无土栽培中,有机基质普遍具有保水性好、蓄肥能力强的优点。在实际栽培中应用十分广泛,有机基质主要有泥炭、锯末、泡沫塑料、树皮、炭化稻壳等。

·无机基质。无机基质的化学性质一般较为稳定,它们通常具有较低的阳离子交换量,蓄肥能力相对较差。但是由于无机基质的来源广泛,能够长期使用,因此在花卉无土栽培中也占有相当重要的地位,无机基质主要有石砾、砂、陶粒、岩棉、珍珠岩、蛭石等。

②非固体栽培基质类型。非固体基质无土栽培类型是指根系生长的环境中没有使用固体基质来固定根系,根系生长在营养液或含有营养的潮湿空气之中。它又可以分为水培和喷雾培两种类型。

·水培。水培是指植物根系直接生长在营养液液层中的无土栽培方法。它又可根据营养液液层的深浅不同分为多种类型,其中包括以1~2厘米深度的浅层流动营养液来种植植物的营养液膜技术(Nutrient Film Technique,NFT);营养液液层深度最少也有4~5

厘米,最深为8~10厘米(有时可以更为深厚)的深液流水培技术(Deep Flow Technique,DFT);在较深的营养液液层(5~6厘米)中放置一块上铺无纺布的泡沫塑料,根系生长在湿润的无纺布上的浮板毛管水培技术(Floating Capillary Hydroponics,FCH)。

•喷雾培。喷雾培是将植物根系悬空在一个容器中,容器内部装有喷头,每隔一段时间通过水泵的压力将营养液从喷头中以雾状的形式喷洒到植物根系表面,从而解决根系对养分、水分和氧气的需求。喷雾培是目前所有的各种无土栽培技术中解决根系氧气供应最好的方法,但由于喷雾培对设备的要求较高,管理不甚方便,而且根系温度受气温的影响较大,易随气温的升降而升降,变幅较大,需要较好的控制设备,而且设备的投资也较大,因此在实际生产中的应用并不多。

喷雾培中还有一种类型,它不是将所有的根系均裸露在雾状营养液空间,而是有部分根系生长在容器(种植槽)中的一层营养液层里,另一部分根系生长在雾状营养液空间的无土栽培技术,称为半喷雾培。有时也可把半喷雾培看作水培的一种。

(2)营养液的配制与管理

①营养液的组成原则。

•营养液中必须含有植物生长所必需的全部营养元素(齐全)。

•营养液中的各种化合物都必须以植物可以吸收的形态存在(可利用)。

•营养液中的各种元素的数量和比例应符合植物正常生长的要求,而且是均衡的,可保证各种营养元素有效、充分、平衡的被植物吸收(合理)。

•营养液中的各种化合物在种植过程中,能在营养液中较长时间地保持其有效性(有效)。

•营养液中各种化合物组成的总盐分浓度及其酸碱度符合植物正常生长要求(适宜)。

- 营养液中的所有化合物在植物生长过程中由于根系的选择吸收而表现出来的营养液总体生理酸碱度较为平稳(稳定)。

②常见营养液配方。几种常见营养液配方见表 4-1、表 4-2、表 4-3。

表 4-1　格里克基本营养液配方

化合物	化学式	数量(克)
硝酸钾	KNO_3	542
硝酸钙	$Ca(NO_3)_2$	96
过磷酸钙	$CaSO_4 + Ca(H_2PO_4)_2$	135
硫酸镁	$MgSO_4$	135
硫　酸	H_2SO_4	73
硫酸铁	$Fe_2(SO_4)_3 \cdot nH_2O$	14
硫酸锰	$MnSO_4$	2
硼　砂	$Na_2B_4O_7$	1.7
硫酸锌	$ZnSO_4$	0.8
硫酸铜	$CuSO_4$	0.6

注：表中所列盐类加水配成 1000 升溶液。

表 4-2　凡尔赛营养液配方

化合物	化学式	数量(克)
硝酸钾	KNO_3	568
硝酸钙	$Ca(NO_3)_2$	710
磷酸铵	$NH_4H_2PO_4$	142
硫酸镁	$MgSO_4$	284
氯化铁	$FeCl_3$	112
碘化钾	KI	2.84
硼　酸	H_3BO_3	0.56
硫酸锌	$ZnSO_4$	0.56
硫酸锰	$MnSO_4$	0.56

注：表中所列盐类加水配成 1000 升溶液后,其溶液浓度几乎相当于格里克基本营养液浓度的 1 倍,因此在使用时再加 1 倍水稀释。

第四章 苗圃花卉的栽培技术

表 4-3 道格拉斯营养液(第一基本配方)

无机盐类	用量(克)	供应元素
硝酸钠	375	N
过磷酸钙	210	P、Ca
硫酸钾	120	K、S
硫酸镁	120	Mg、S
硼 酸	1	B
硫酸锰	1	Mn
硫酸锌	1	Zn
硫酸铜	1	Cu
硫酸铁	1	Fe

注:表中盐类加水至1000升溶解后使用。

③营养液的配制。

·配制营养液时的用水。如果水中钙和镁的含量很高或是硬水,营养液中能够游离出来的离子数量就会受到限制。自来水中大多含有氯化物和硫化物,它们都对植物有害,还有一些重碳酸盐也会妨碍根系对铁的吸收。因此在用自来水配制营养液时,应加入少量乙二胺四乙酸钠(EDTA 钠)或腐植酸化合物来克服上述缺点。如果用泥炭来作为无土栽培的基质,则可自然消除上述缺点。在地下水质不良的情况下,还可以使用过滤后的河水及湖水。

·营养液的酸碱度测试。营养液的 pH 大小直接关系到无机盐类的溶解度和根系细胞原生质半透膜对它们的渗透性。不同花卉植物适应不同的酸碱度,喜碱性的花卉在凡尔赛营养液中生长良好;喜酸性的花卉在格里克营养液中生长良好,但是植物消耗掉一部分营养元素后,格里克营养液也会偏碱。营养液偏碱时多用磷酸或硫酸来中和,偏酸时则用氢氧化钠来中和。在测定酸碱度时除了可使用分光光度计及精密试纸外,还可观察植物的表现,当溶液偏碱时会妨碍植物对锰和铁的吸收,造成叶片黄化;偏酸时会游离出过多的铁而造成幼根枯死。

·配制营养液时应注意的事项。配制营养液时切勿使用金属容器,更不能用它来存放,应用陶瓷、搪瓷、塑料和玻璃器皿等。配制时先看清各种药剂的商标和说明,仔细核对其化学名称和分子式,了解其纯度,是否含结晶水。各种药剂称量时要准确。在配制时先用少量50℃温水将各种盐类分别溶化,再按配方所列顺序逐个倒入装有相当于所定容量75%的水中,边倒边搅拌,最后将水加到全量。在调整pH时,应先把强酸、强碱加水稀释或溶化,然后逐滴加入营养液中,同时不断进行测试。

④营养液的管理。在无土栽培中使用营养液时,一方面因植物吸收会使一部分元素的含量降低,另一方面又会因溶液本身的水分蒸发而使其增加,因此在花卉生长表现正常的情况下,当营养液减少时,只需添加新水而不必补充营养液。在向水培槽或大面积无土栽培基质上添加补充营养液时,应从不同部位分别倒入,各注液点之间的距离不要超过3米。

生长迅速的一年生、二年生草花、宿根草花和球根类花卉,在生长高峰阶段都可以使用原液,以后由于生长量逐渐减少可酌情使用一定比例的稀释液。

(3)固体基质栽培技术

①固体栽培基质的要求。自然土壤由固相、液相和气相三者组成。固相具有支持植物的功能,液相具有提供植物水分和水溶性养分的功能,气相具有为植物根系提供氧气的功能。土壤孔隙由大孔隙和毛管孔隙组成,前者起通气排水作用,后者起吸水持水作用。理想的无土栽培用基质,其理化性状应类似土壤,应能满足如下要求:适于种植众多种类植物,适于植物各个生长阶段,甚至包括组织培养试管苗出瓶种植。容重轻,便于大、中型盆栽花木的搬运,在屋顶绿化时可减轻屋顶的承重荷载。总孔隙度大,达到饱和吸水量后,尚能保持大量空气孔隙,有利于植物根系的贯通和扩展。吸水率大,持水

力强,有利于盆花租摆和高架公路绿化时减少浇水次数;同时,容易疏泄过多的水分,不致发生湿害。基质具有一定的弹性和伸长性,既能支持住植物地上部分不发生倾倒,又能不妨碍植物地下部分伸长和肥大。浇水少时,不会开裂而扯断植物根系;浇水多时,不会粘成一团而妨碍植物根系呼吸。绝热性良好,不会因夏季过热、冬季过冷而损伤植物根系。本身不携带病、虫、草害,外来病虫害也不易在其中滋生。不会因施加高温、熏蒸、冷冻而发生变形变质,便于重复使用时进行灭菌、灭害。本身有一定肥力,但又不会与化肥、农药发生化学作用,不会对营养液的配制和pH有干扰,也不会改变自身固有理化特性。没有难闻的气味和难看的色彩,不会招诱昆虫和鸟兽。pH容易调节。不会污染土壤,本身就是一种良好的土壤改良剂,并且在土壤中含量达到50%时也不出现有害作用。沾在手上、衣服上、地面上极容易清洗。不受地区性资源限制,便于工厂批量化生产。日常管理简便,基本上与土培差不多。价格合理,用户在经济上能够承受。

②固体基质栽培形式分为袋培、槽栽、立柱式栽培、有机生态型无土栽培技术。

• 袋培。袋培是指把栽培用的固体基质装入塑料袋中,排列放置于地面上以种植花卉的方法。

• 槽栽。槽栽是指将栽培用的固体基质装入一定种植槽中以栽培花卉的方法,基质常采用有机基质和容重较大的基质,种植槽常用砖块或水泥来建造。

• 立柱式栽培。立柱式栽培是指将固体基质装入长形袋状或柱状的立体容器中,竖立排列于温室或大棚之中,容器四周螺旋状开孔,以种植小株型花卉的方法。基质常采用容重较小的基质。

• 有机生态型无土栽培技术。有机生态型无土栽培技术是利用发酵消毒后的动物粪便和植物茎秆或饼肥按比例混合,制成全有机、营养元素齐全的生物复合肥,混入固体基质中,然后直接滴灌清水,

苗圃花卉栽培实用技术

替代传统的营养液滴灌法。它是我国最简易、节能、高效的固体基质无土栽培方式。

四、水培花卉

1. 水培花卉的概念

水培花卉是采用现代生物工程技术，运用物理、化学、生物工程手段，对普通的花卉进行驯化，使其能在水中长期生长，而形成的新一代高科技农业项目。水培花卉，上面花香满室，下面鱼儿畅游，卫生、环保、省事，所以水培花卉又被称为"懒人花卉"。

通过实施具有独创性的工厂化现代生物改良技术，使原先适应陆生环境生长的花卉通过短期科学驯化、改良、培育，使其快速适应水生环境生长。再配以款式多样、晶莹剔透的玻璃花瓶为容器，使人们不仅可以欣赏以往花卉的地面部分的正常生长，还可以通过瓶体看到植物世界独具观赏价值的根系生长过程。另外还可以在透明的花瓶内养上几条小鱼，形成水中根系错综盘杂，鱼儿悠闲游畅的独特景象，其景美不胜收。

2. 水培花卉的优点

水培花卉的优点：花大，标准一致，产量高，适应于商品性切花；节约空间；无病虫杂草；利于出口创汇；节水；卫生；省力，便于生产自动化、工厂化、标准化。

3. 水培花卉的市场

目前，我国已经成功培育了观叶类、观花类和仙人掌类等8个系列400多个品种的水培花卉。水培花卉基本是在室内养殖，所以水培花卉不像其他花卉那样受时令的限制，可以四季长绿，所以很受消费者的青睐。水培花卉市场价格从几十元到几百元不等。根据花卉市场业内人士透露,生产水培花卉的平均利润率可以达到40%左右,而经营者的水培花卉平均利润率可以达到50%左右,经济效益相当可观。

4.水培花卉的技术要求

从植物生长过程的周期来看,水培花卉有两个技术阶段需要引起重视:一是幼苗的培育阶段,即水繁工序的进行;二是植物成品的护理阶段,即用户进行个人操作的水培工序。通过以上两个阶段的工作,遵循正确的栽培规则并留意养殖过程中应注意的问题,就可以培育出漂亮、清洁、高雅、健康的水培花卉。

水培的苗床必须不漏水,故苗床多用防水性能较好的混凝土浇筑而成,再铺上一层薄膜即可,苗床一般宽1.2～1.5米,长度视规模而定,最好建成阶梯式的苗床,有利于水的流动,增加水中氧气含量。在床底铺设给水加温的电热线,使水温稳定在21～25℃的最佳生根温度。水培一年四季都可进行,水温通过控制仪器控制在25℃左右,过高或过低对生根都不利。水培时植物苗木应浅插,水或营养液在床中深5～8厘米。但为了使植物苗木保持稳定,可在底部放入洁净的沙,这种方法也可叫作"沙水培"。或在苯乙烯泡沫塑料板上钻孔,或在水面上架设网格皆可,将植物苗木插在板上,放入水中。在生根过程中每天用水泵定时抽水循环,以保持水中氧气充足。

水培以水作为介质,介质本身不含植物生长所需的营养元素,因此必须配制必要的营养液以供植物生根、移植前幼苗生长所需。对不同植物营养液配方的选择是水培成功的关键。不同的植物其营养液的配方也有所不同。广泛应用的营养液配方在前一节已有叙述,故在此不作赘述。

水培花卉成品阶段的护理主要是根据植物要求,及时更换营养液,并清除老根、枯叶。

5. 成功水培的关键

成功水培要做到在降低水培成本的基础上,选择合适的营养液,控制好水培环境。

(1)降低成本 为了降低水培成本,满足花卉市场的供应,采用一般的土培苗,直接移植到水培盆中的做法,不失为一种上策。具体做法如下:

①大苗定植。脱盆:用手轻敲花盆的四周,待土松动后可将整株植物从盆中脱出。去土:先用手轻轻把过多的泥土去除(可以用水直接冲洗干净为止)。水洗:将粘在根上的泥土或基质用水冲洗。剪定植篮:如果植株头部太大,而定植篮的孔径太小则需将定植篮的孔剪大,以方便种植。加营养液:将配制好的营养液加入容器。大苗定植:将植物的根系从定植篮中插入,小心操作,切勿伤根。固定:用海绵、麻石或雨花石等固定。成品检查:检查成品是否固定好。

②小苗定植。小苗定植相对于大苗定植简易得多。盆苗:小苗一般不超过8厘米。小苗洗根:将小苗从盆中直接取出,根系在水中清洗一下,注意不可伤根。小苗定植:将根系从定植篮孔中直接插入,用石头固定即可。

(2)营养液的勾兑 用户可以根据本文所提供的配方到化学试剂商店购买后自行配制。同时也可以根据当地的肥源情况使用尿素等肥料进行配方研究,在取得经验后再在生产中使用,其他肥料的配制原则是其他肥料浓度占总浓度的 $0.1\% \sim 0.2\%$ 。

(3)移植花卉的要点 水培花卉一定要控制好水位,宜低不宜高。根在水中即可,甚至可以更少一些(保持一个月的适应期,以后再增加水量)。在水培过程中,当花卉叶尖出现水珠,需要适当降低水位,并且此时要避免阳光直射。

栽培槽内的营养液深度一般控制在内盆底部浸液深度为 $1\sim 3$ 厘米,刚开始时可稍深,待植株长出新根后,可适当降低,花盆槽侧孔以植株刚能进入侧孔的高度为宜。一般将相似习性的花木放在同一栽培槽内,便于管理。另外根据苗木品种及生长季节可适当调节液位,如天南星科植物液位可深些,而肉质根类花卉液位可低些。春夏生长旺季,液位可深些,冬季休眠季节应低些。一般半月左右充液或加水一次,营养液可循环利用。

多数观叶植物适于微酸性环境,营养液 pH 一般稳定在 6 左右,可在 5.5~6.5 之间调节,pH 可用硫酸或氢氧化钠进行调节。营养液的电导率(EC)一般控制在 1.5 毫秒/厘米左右,生长季节可适当高些,休眠季节可适当低些,但应为 0.8~4.0 毫秒/厘米。EC 可用浓缩液或水进行调节。日常管理时,营养液的 pH 及 EC 应定时测定,一般每隔半月测定一次,如变化过大,应及时调整。特别是 EC,由于植物对离子的吸收是有选择性的,某些离子长期积聚会对植物产生毒害,故如测定 EC 变化太大,要及时调整,最好每隔 3~6 月全面更换一次营养液。

第五章
苗圃花卉的养护管理

一、水分管理与保水技术

1. 苗圃花卉对水分的要求

水是植物体的重要组成部分,也是植物生命活动的必要条件,水是花卉进行光合作用的重要原料;土壤中的营养物质,只有溶解于水时才能被花卉吸收利用,体内各种生理机能活动也必须在水的参与下才能进行。因此,没有水,花卉就不能生存。

(1)不同种类观赏植物对水分的要求

①水生植物。水生植物如荷花、千屈菜等,这类植物植株体内具有发达的通气组织,适于水中生长。

②湿生植物。生长在潮湿环境条件下的花卉,如蕨类、海芋等,在栽培管理上应掌握宁湿勿干的原则。

③中生植物。大部分露地花卉属于中生植物,如月季、菊花,牡丹、郁金香等。

④旱生植物。旱生植物如仙人掌、景天等,需水较少。

(2)同种观赏植物在不同生育时期对水分的要求

①种子萌发期。种子萌发期植物需水较多,应供足水。

②幼苗期。幼苗期植物需水较少,保持土壤湿润,无积水即可。

③旺盛生长期。旺盛生长期植物需水较多,应保持供水充足。

④生殖生长期。生殖生长期植物需水较少,定时喷灌即可。

2.露地栽培苗圃花卉的灌溉与排水

露地栽培苗圃花卉虽然可以从天然降雨获得所需要的水分,但是由于天然降雨的不均匀,远不能满足花卉生长的需要。特别是干旱缺雨季节,对花卉的生长有很大的影响,因此灌溉工作是花卉栽培过程中的重要环节。降雨较多且雨水分布比较均匀的地区,可以减少灌溉,但应做好随时灌溉的准备,因为在花卉生长期间,一旦缺水即会影响花卉以后的生长,严重者甚至会造成花卉死亡。

(1)灌溉的方法 露地栽培花卉灌溉的方法可分为地面灌溉、地下灌溉、喷灌及滴灌4种。地面灌溉又分为畦灌和小面积的灌溉。

(2)灌溉的用水 灌溉的用水以软水为宜,避免使用硬水,最好用河水,其次是池塘水和湖水,不含碱质的井水亦可使用。

(3)灌溉的次数及时间 灌水时间因季节而异。夏季灌溉应在清晨和傍晚时进行,这个时间水温与土温相差较小,不致影响根系的活动,傍晚灌溉更好,因夜间水分下渗到土层中去,可以避免日间水分的迅速蒸发。冬季灌溉应在中午前后进行,因冬季晨昏气温较低。

3.容器苗圃花卉的水分管理

(1)容器苗圃花卉对水分的需求 花卉生长的好坏,在一定程度上决定于浇水的适宜与否。其关键环节是如何综合自然气象因子、苗圃花卉的种类、生长发育状况、生长发育阶段、温室的具体环境条件、容器大小和培养土成分等各项因素,科学地确定浇水次数、浇水时间和浇水量。

花卉的种类不同浇水量不同;花卉的不同生长时期,对水分的需求亦不同;花卉在不同季节中,对水分的需求差异很大;容器的大小及植株大小对盆土的干燥速度有影响,盆小或植株较大者,盆土干燥较快,浇水次数应多些,反之宜少浇。

(2)浇水的原则

①盆土见干才浇水,浇水应浇透。要避免多次浇水不足,只湿表层盆土,形成"腰截水",下部根系缺乏水分,影响植株的正常生长。

②通过眼看、手摸、耳听,准确掌握盆土干、湿度。

③注意水温。水温和土温不能相差太大。夏季早晚浇水,冬季中午浇水。

④喜阴花卉保持较高空气湿度,经常向叶面喷水。

⑤注意夏季多喷水降温。

⑥叶面有绒毛的花卉,不宜向叶面喷水。

⑦花木类植物在盛花期不宜多喷水。

二、施肥技术

1. 肥料的安全使用和保存

(1)肥料的安全使用 根据优化配方施肥技术,科学合理施肥,推广有机肥和化肥配合使用,合理使用氮肥。肥料必须具有"三证"(生产许可证、肥料登记证、执行标准号)。所使用的商品肥料应符合有关国家标准、行业标准的要求。有机肥要充分腐熟、发酵。混合使用肥料时要注意有的肥料可以混合,有的肥料不能混合,还有的肥料混合后应立即使用,不可久放。

(2)肥料的保存 肥料要有专人保管,按品种分堆储存。存放地点要干燥阴凉,防火防爆,固定,安全。肥料进出要有记录,谨防腐蚀和中毒。

2. 肥料的种类

(1)有机肥 有机肥的特点是养分全,养分含量低,肥效慢、肥劲稳,长期施用可改善土壤理化性状,提高土壤肥力。

第五章　苗圃花卉的养护管理

①人粪尿。人类尿是广大农村普遍使用的一种农家肥,含有较多的无机态养分,如碳酸铵、磷酸盐等,能直接为植物吸收,是一种速效有机肥。

②猪粪。猪粪质量好、养分含量高,含有较高的氮和钾,肥效长,作基肥时可以提高土壤的保肥保水性。

③牛粪。牛粪养分含量较低,作基肥时要增施氮磷钾肥。牛粪对改良质地粗、有机质含量少的砂土有很好的效果。

④羊粪。羊粪有机质、氮和钙含量都比猪粪、牛粪高。一般可与猪粪、牛粪混合堆积,这样可缓和其燥性,达到肥劲平稳。

⑤厩肥。厩肥是以家畜粪尿为主,混以各种垫圈材料积制而成的肥料。其中养分释放缓慢,通常都作基肥施用,但腐熟的厩肥也可作追肥,不过肥效不如作基肥好。因厩肥养分含量低,必须配合施用化学肥料才能满足作物对养分的需要。

⑥堆肥。堆肥是以植物的茎叶、杂草与动物的粪尿混合堆腐而成的。所含营养成分与厩肥近似,厩肥与堆肥均富含有机质和腐殖质,氮、磷、钾含量很均匀,还含有维生素、激素以及微量元素等。施入土壤,由于微生物的分解,能促进土壤潜在肥力的发挥。

⑦麻酱渣。麻酱渣是芝麻榨取香油后剩的渣子,它必须加水腐熟后才能用,它是比较常见的肥水,含氮量较高,作用如同氮肥。

⑧骨粉。骨粉是将动物的骨头煮熟后,捣碎成粉,腐熟后使用,主要作基肥使用,是以磷为主的完全肥料。

⑨饼肥。饼肥是含油种子经过榨油后所剩下的残渣,用作肥料的均称为饼肥。饼肥种类很多,主要有大豆饼、菜子饼、棉饼、花生饼、蓖麻饼、桐子饼等。饼肥中氮素含量最多,尤以豆饼的含氮量最高。饼肥是一种优质的有机肥料,它的养分齐全、含量高,有效性持久,可作基肥和追肥。

⑩泥炭肥料。泥炭肥料是北方林区苗圃重要的有机肥料之一。泥炭中有机质和含氮量较为丰富,但泥炭中的氮素绝大部分是植物

不能直接利用的有机态氮,而速效氮极少,要单靠泥炭供应苗木所需速效氮磷钾养分是不够的。但泥炭吸氨量达1‰~2‰,持水量可达本身重量的5倍以上,证明它有良好的保肥保水性能。

(2) **无机肥** 无机肥是化学合成的肥料,其特点是:养分单一、含量高,肥效快,肥劲猛,但长期单一施用,可使土壤理化性状变劣,土壤趋于板结。无机肥的主要品种有:

①氮肥。如碳铵、氯化铵、硫酸铵、硝酸铵、尿素等。

②磷肥。如钙镁磷肥、过磷酸钙、重过磷酸钙、磷矿粉等。

③钾肥。主要是氯化钾,硫酸钾很少施用。

④复合肥。复合肥是指肥料中含氮、磷、钾3种元素中的2种或2种以上元素,如磷酸一铵、磷酸二铵、磷酸二氢钾、硝酸钾、硝酸磷肥等。

(3) **花卉专用肥** 花卉专用肥的特点是养分配方科学、肥效持久高效;富含镁、铁、硼、锰、锌、铜、钼等多种植物所必需的微量元素,可增强植物抗病、抗旱、抗寒、抗倒伏、抗虫害等能力;添加高效活性体,具有固氮、解磷、解钾作用,大幅度提高养分利用率,便于植物快速吸收利用;绿色无公害无污染,具有改善土壤理化性能,长期使用可减轻土壤板结,养土育土,提高地力。

(4) **肥料的配合** 为了能促进植物生长发育,达到稳产丰产的目的,必须保证土壤中各种养分充足。各种有机肥料和矿质肥料都各有其优缺点,只有配合施用,才能取长补短,充分发挥其肥效。

①有机肥料和矿质肥料相配合。单纯无机肥料会使土壤溶液浓度过高,影响植物吸收水分和养分,配合施用有机肥料,就相对减少无机肥料的用量,不致造成过高的渗透压。无机肥只能供给植物无机营养元素,而有机肥料是土壤微生物获取能量的源泉,只有二者密切配合,才能使土壤微生物大量繁殖活动,以改善土壤的营养条件。单施无机肥料常易破坏土壤胶体上代换性离子的平衡,引起土壤酸度变化和物理性质变坏。施入有机肥料可以防止这种后果,并赋予

土壤良好的物理、化学性质。

②迟效肥料和速效肥料相配合。迟效肥料肥效慢,在植物大量需肥的时期,往往不能保证充分供应,但它的后效长,可以保证连续不断的供应,速效肥料的作用刚好相反,因此,二者必须配合施用,才能保证植物生长发育各个阶段获得充分的养分供应。

③氮、磷、钾及其他植物营养元素相配合。各种肥料所含营养元素种类、数量不同,有些肥料只含有1~2种元素,是不完全肥料;有些肥料含有氮、磷、钾、有机质等元素,是完全肥料。前者不能满足植物对养分多方面的需要,而后者营养元素的含量差异较大,易造成供应上的差异。因此,必须使无机肥料和有机肥料配合使用,才能达到良好的效果。

3. 苗圃花卉对肥料的需求规律

(1)花卉种类　花卉种类不同,对肥料的需求不同。

(2)植株大小　刚发芽或小苗,对肥料的要求少。随着生长加速,花卉对肥料的要求逐步增加。到一定阶段,所需肥料相对稳定或减少。

(3)生长发育阶段　花卉在营养生长阶段,需氮肥较多,孕蕾开花阶段需增加磷钾肥。故生长旺盛期多施肥,休眠和半休眠期停止施肥。

(4)季节变化　一般春秋多施,夏冬少施。

4. 施肥方法

(1)基肥　一些草本花卉、木本花卉、球根花卉、宿根花卉都要施基肥,因其生长时间长,所以每年冬季必须施基肥,以供花卉来年生长发育之需。球根花卉可在球根下种时施足基肥,以供抽芽开花及长新球之需。基肥一般多施用迟效性的有机肥料,施肥时间多在春季种植前或秋冬季节落叶以后。

(2) 追肥 一般花卉除施基肥以外，还必须追肥。追肥多为速效性的液体肥料，都在花卉生长有所需求的时候使用。如春季萌动时追施完全肥料，开花之前追施磷钾肥。追肥的次数和浓度应遵循勤施薄施的原则，有的1～2周1次，有的随水追肥。

(3) 根外追肥 根外追肥就是将稀释到一定浓度的肥料向植株叶面喷射。肥料被叶面及枝干吸收后传到体内。一般在花卉植株生长高峰时期在体外喷射0.1%的过磷酸钙或0.2%的尿素溶液，每7天喷一次，这样能使植株生长健壮，叶色浓而肥厚，花色鲜艳，花朵大，花期长。

三、修剪与整形

修剪整形，是花卉日常栽培管理中的一项重要技术措施。通过修剪整形，不仅可以使株形整齐，高低适中，形态优美，提高观赏价值，而且及时剪掉不必要的枝条，可以节省养分，调整树势，改善透光条件，借以调剂与控制花木生长发育，促使植株生长健壮，花多果硕。

修剪整形，从理论上讲一年四季均可进行，实际运用中只要处理得当，掌握正确的修剪方法，都可以收到较为满意的效果。

1. 修剪

(1) 修剪时间 修剪要选择适宜的时间，掌握正确的修剪方法，但在具体应用时，应根据苗圃花卉的习性、耐寒程度和修剪目的决定。花卉种类繁多，不同类型的花木，修剪的时间不同。修剪以观花为主的花木时，要掌握不同花木的开花习性。凡春季开花的，如梅花、碧桃、迎春等，它们的花芽是在头一年枝条上形成的，因此冬季不宜修剪，如果在早春发芽前修剪会剪掉花枝，应在花后1～2周内进行修剪，既可促使萌发新梢，又可形成来年的花枝。如果等到秋、冬修剪，夏季已形成有花芽的枝条就会受到损伤，影响第二年开花。凡是在当年生枝条上开花的花木，如月季、扶桑、一品红、金橘、代代、佛

第五章 苗圃花卉的养护管理

手等,应在冬季休眠期进行修剪,促其多发新梢,多开花,多结果。藤本花卉,一般不需修剪,只剪除过老和密生枝条即可。以观叶为主的花木,亦可在休眠期进行修剪。修剪的时期,从其生长发育周期的概念出发,可归纳为两个,即休眠期修剪和生长期修剪。

①休眠期修剪(冬季修剪)。从落叶至春季萌发前的修剪称休眠期修剪或冬季修剪。这段时期内植株生长停滞,体内养料大部分回归主干、根部,修剪后营养损失少,且修剪的伤口不易感染腐烂,对植株生长影响较小,大部分植株及大量的修剪工作(如去大枝等)均在此期内进行。

落叶花卉枝梢内营养物质的运转,一般在进入休眠期前即向下贮入茎秆和根部,入冬后至萌芽前,1~2年生枝梢内营养物质含量较少。

常绿花卉叶片中的养分含量较高,如果剪去叶片,会减少光合作用的积累,又减少了叶片内养分重新利用的可能,使养分积贮减少,对植株越冬是不利的。

因此,落叶花卉的修剪一般在休眠后、严冬前为宜;常绿花卉以严冬后至春梢萌动前为宜。

②生长期修剪(夏季修剪)。生长期修剪可在萌芽后至落叶前,即整个生长季内进行。一年内多次抽梢开花的植株,花后应及时修去花枝,以促发新枝,继续成花,延长观赏期,如紫薇、月季等。花木嫁接后的抹芽、除萌、幼树无效徒长枝的疏除,多在生长期内进行。花果木夏季修剪的作用主要是调节花卉的营养生长与生殖生长的矛盾,促发花果形成和花芽分化。

(2)修剪措施

①摘心。摘心是指将植株主枝和侧枝上的顶芽摘除。摘心可以抑制主枝生长,促使植株多发侧枝,并使植株矮化、粗壮、株型丰满,增加着花部位和数量,摘心还能推迟花期,或促使植株再次开花。需要进行摘心的花卉有:一串红、百日草、翠菊、金鱼草、矮牵牛、倒挂金

钟、天竺葵等。不需要进行摘心的花卉有:植株矮小,分枝又多的三色堇、雏菊、石竹等;主茎上着花多且朵大的鸡冠花、醉蝶花、凤仙花、虞美人、水仙等;要求尽早开花的花卉。

②抹芽。抹芽是指剥去过多的腋芽或挖掉脚芽,抹芽是为了限制枝数的增加或过多花朵的生长,使营养相对集中,花朵充实。如菊花、牡丹等多用此法修剪。

③折枝捻梢。折枝是将新梢折曲,但仍连接不断。捻梢是指将梢捻转。折枝和捻梢均可抑制新梢徒长,促进花芽分化。牵牛、茑萝等用此法修剪。

④曲枝。为使枝条生长均衡,将长势过旺的枝条向侧方压曲,将长势弱的枝条顺直,如大丽菊、一品红等多用此法修剪,以达到抑强扶弱的效果。

⑤剥蕾。剥蕾是指剥去侧蕾和副蕾,使营养集中,让主蕾开花,保证花朵质量,如芍药、牡丹、菊花等多用此法修剪。

⑥摘叶。摘叶是指在植株生长过程中,适当剪除部分叶片,以促进新陈代谢和新芽萌发,减少水分蒸腾,使植株整齐美观。夏、秋之间,红枫、鸡爪槭、石榴等剪掉老叶,促发的新叶更为清新艳丽,但在摘老叶前需施以肥水。

⑦剪除残花。剪除残花指对不需要结种子的树木花卉,像杜鹃、月季、朱顶红等,花开过后及时摘掉残花,剪除花葶,以节省养分,促使花芽分化。

⑧剪根。剪根是指露地落叶花木移栽前,将损伤根、衰老根和死根全部剪除。盆栽花卉换盆时也应将多余的和卷曲的根适当进行疏剪,以促使花木萌发更多的须根。

⑨修枝。修枝是指剪除枯枝、病弱枝、交叉枝、过密枝、徒长枝等。修枝分重剪和轻剪。重剪是将枝条由基部剪除或剪去枝条的2/3,轻剪是将枝条剪去1/3。通过修枝,分散枝条营养,促使植株产生大量中短枝条,使其在入冬前充分木质化,形成充实饱满的腋芽和花

芽。冬季休眠期用重剪方法较多,生长期用轻剪方法较多。

2. 整形

整形的形式多种多样,一般有单干式(如独本菊、单干大丽花等)、多干式(如海棠、石榴、桃花、梅花等)、丛生式(如棕竹、南天竹、凤尾竹等)、垂枝式(如悬崖菊,常春藤等)。总之,根据需要和爱好通过艺术加工处理,细心琢磨,精心养护,以达到预想的效果。

四、花期调控技术

1. 花期调控的概念

花期调控,又称催延花期促成栽培,或催延花期,是人为利用各种栽培措施,使观赏植物在自然花期之外,按照人们的意志定时开放。既是用人工的方法控制花卉的开花时间和开花数量的技术,也是所谓的"催百花于片刻,聚四季于一时"。花期调控包括促成栽培和抑制栽培。

2. 花期调控的目的

花期调控不仅可以丰富不同季节花卉种类,满足特殊节日及花展布置的用花要求,而且可以创造百花齐放的景观。

3. 花期调控的意义

花期调控的意义:节庆活动的需要;均衡花卉周年供应的需要;追求特定时期高利润的需要;充分利用设施、场地,提高经济效益的需要。

在当今花卉生产规模化、专业化、商品化的条件下,花期调控是一门既实用又有效的技术,是花卉生产技术人员需要充分掌握的关键技术。

4. 花期调控的理论基础

花期调控的理论基础:春化作用;光周期现象;成花的碳氮比学说;成花的成花素学说;积温现象等。

5. 花芽分化

成花分为花芽分化和花的发育两个阶段。花芽分化是生产上最重要的一环,在花卉生产过程中形成了一系列的方法和技术,来促进这一生命过程。

(1)花芽分化的阶段　生理分化—形态分化(花萼原基—花瓣原基—雄蕊原基—雌蕊原基)—性细胞形成期。

(2)花芽分化的类型　夏秋分化型:夏秋分化,春天开花,如郁金香等球根类;冬春分化型:冬春分化,春天开花,如龙眼、荔枝和芒果等;当年一次分化开花型:夏秋分化开花,如紫薇等;多次分化型:四季开花,月季、如四季桂等;不定期型:视营养状态而定,如凤梨等。

6. 促成和抑制栽培的途径

(1)温度处理　温度对打破休眠、春化作用,促进花芽分化、发育和花茎伸长均有决定性的作用。温度处理可提前结束休眠,形成花芽并加速花芽发育而提早开花。反之不给予花卉生长相应的温度条件,可使之延迟开花。

(2)日照处理　人为地控制长日照和短日照花卉的日照时间,可以提早或延迟其花芽分化或花芽发育,调节花期。

(3)药剂处理　主要用于打破球根花卉及花木类的休眠,使之提早萌芽生长,提前开花。

(4)栽培措施处理　调节花卉繁殖期或栽植期。采用修剪、摘心、施肥和控制水分等措施可有效地调节花期。

7.促成和抑制栽培的方法

(1)处理材料的选择

①选择适宜的花卉种类和品种。

②球根成熟程度高的,促成栽培反应好,开花质量高,反之促成栽培反应差,开花质量不好,甚至不能生根发芽。

③选择生长健壮、能够开花的植株或球根。

(2)处理设备要完善 处理设备,如控温设备、日照处理的遮光和加光设备等要完善。

(3)栽培条件和栽培技术 通过种苗种球定植的早晚来调控花期,要注意生产对象的特性,结合具体的繁殖、生长条件来确定定植期,实现预定开花时间。

①管理简单型。只需控制繁殖定植期即可预期开花,如矮牵牛、中国水仙、百日草、鸡冠花等。

下面以矮牵牛为例进行说明。

预计花期:华东地区在元旦或春节附近。

播种:在9月下旬~10月上旬,在通风、凉爽、光照的条件下播种。

定植:苗出现5~7片真叶时进行第一次摘心,定植营养袋中,枝条约6厘米长摘心一次,80天左右开花。

②管理复杂型。除繁殖时间外,还应满足某些环境条件才能在预定时间开花,如千日红、旱金莲、蒲包花等。

下面以蒲包花为例进行说明。

预计花期:华东地区在春节期间开花。

播种:8月中旬~9月中旬,此时气温高,不宜播种,应在高山度夏基地播种或在可降温设施内播种。

栽培:要有防雨、防晒、通风的设施,散射光培育;保持空气湿度70%~80%;防叶面积水,防花盆过湿。

(4) 温度处理 温度可以促进植物进入花芽分化阶段,较高的温度可促进花卉器官的发育进程。有效积温指日温超过10℃所有天数的温度总和,可用来推测花期。一般以20℃以上为高温,15℃~20℃为中温,10℃以下为低温。

下面以月季为例进行说明。

月季品种的积温为1200~1400℃(>10℃)。

预计花期:华东春节期间开花。

技术措施:用修剪和温度控制。

花期推算:第一次收花后到第二次收花,夜温15℃左右需67~75天;夜温18℃左右需55~68天;夜温21℃左右需53~60天。

(5) 光照处理

①长日照性的花卉,需要人工长日照处理。在长日照下开花的植物,在日照短的季节,用电灯补充光照,即人工长日照处理,能促进开花。

②短日照性的花卉,需要人工短日照处理。使短日照植物,即秋天开花的植物,提前开花。该花卉在短日照下开花,在日照长的季节,进行遮光短日照处理,能促进开花,若长期给予长日照,会抑制开花。秋天开花的花卉多为短日照性植物。利用短日照进行促成栽培的有菊花、一品红、玉海棠和三角花等。

下面以菊花为例进行说明。

预定花期:华东地区春节期间开花。

扦插:农历8月15日前后扦插,10天左右生根。

摘心:从菊苗到花芽分化只需15天左右。用摘心方法延迟花期,扩大植株。

灯光控制:采用光照控制,抑制花芽形成,增加枝长,达到切花标准。

停灯:春节前60~65天停止长日处理,10天左右进入花芽分化,保证春节开花。

(6) 药剂处理 常用的药剂有赤霉素、乙醚、萘乙酸、氯苯酚代乙酸、秋水仙素、吲哚丁酸、乙炔、脱落酸等。

① 代替日照长度,促进开花。赤霉素可以代替长日照促进抽芽开花,如紫罗兰、矮牵牛、丝石竹等,可用约 300 毫克/升赤霉素喷施来促进开花。

② 打破休眠,代替低温。赤霉素可以完全代替低温的作用,促进开花。如用约 100 毫克/升赤霉素每周喷杜鹃花 1 次,连喷 5 次,能促进开花,并能提高花的质量。

③ 促进花芽分化。在 7~8 月间叶面喷施 6-苄基嘌呤能增加蟹爪兰花头数。

④ 延迟开花。常用抑制剂有丁酰肼(B_9)、多效唑。用约 1000 毫克/升 B_9 喷洒杜鹃蕾部,可延迟杜鹃开花约 10 天。用 100~500 毫克/升 B_9 喷洒菊花蕾部,可延迟菊花开花 1 周左右。

(7) 栽培措施处理

① 调节繁殖期和栽植期。

② 调节扦插期。

③ 通过修剪、摘心、施肥、控制水分等技术措施调节花期。

第六章
苗圃花卉的保护

一、苗圃花卉保护的内容与方法

1. 苗圃花卉保护的内容

(1)病害防治 病害防治包括防治侵染性病害(传染性病害)和防治非侵染性病害(非传染性病害)。

当植物受到真菌、细菌、病毒等生物侵染时,生理机能发生一系列变化,植物组织形态发生改变,叶、花、果等器官变色、畸形、腐烂,甚至全株死亡,这种细胞、组织、器官受感染后表现出来的不同症状,即为植物的病害,称为侵染性病害。非侵染性病害是由植物自身的生理缺陷或遗传性疾病造成,或由于生长环境中不适宜的物理、化学等因素直接或间接引起的一类病害。

病害发生的基本因素为病原、环境、寄主。病害发生的过程包括侵入期、潜育期、发病期。

(2)虫害防治 虫害防治是指防治由害虫引起的,苗圃花卉的根、茎、叶、花、果实和种子等组织器官的病害。严重的虫害可影响到植物的光合作用与吸收,使植物的生理状态失调,导致植物生长发育不良,严重时也会造成植物局部或全株死亡。

(3)杂草防除 杂草防除是指控制杂草的繁殖与危害,以改善农作物和人类生产、生活环境。

2.病虫害和杂草防治的原则和措施

(1)病虫害和杂草防治的原则　预防为主,综合防治。

(2)病虫害和杂草防治的措施

①植物检疫。

②农业防治。农业防治包括选用抗性强的优良品种、使用无病健康苗、轮作、改变栽种时期、肥水管理等。

③物理防治。物理防治包括用人工或机械方法除虫除草、诱杀、热力处理法等。

④生物防治。生物防治包括以菌治病、以菌治虫、以虫治虫、以鸟治虫、生物工程防治、以昆虫、禽畜、病原微生物除草等。

⑤化学防治。化学防治包括使用杀菌剂、杀虫剂和除草剂等进行防治。

3.农药和除草剂安全使用和保管

(1)农药的安全使用和保管　农药除能杀虫、治病、除草外,对其他生物也有程度不等的毒害。因此,使用农药时应考虑到农药对人、畜和其他有益生物安全的威胁。通常所指的农药安全使用,主要是针对人、畜安全而言。农药急性中毒事故,大都是由于农药的误食、滥用,喷洒农药时操作不当,对剧毒农药管理不严所引起。农药慢性中毒,主要是使用不当造成的。应针对这些中毒原因,可制定出农药的安全使用和保管措施。

①严格遵守操作规程。农药的配药或拌种要有专人负责。配药时,液剂要用量杯,粉剂则用秤称,按规定倍数稀释,不得任意提高使用浓度。拌种必须用工具搅拌,严禁与手接触。施药前,要检查和修理好配药和施药工具。施药人员,必须选择工作认真、身体健康、懂使用技术的成年人。体弱多病、患皮肤病、怀孕、哺乳及经期的妇女应尽量少

苗圃花卉栽培实用技术

接触农药。使用剧毒农药时，必须穿长袖衣和长裤、戴口罩、禁止吃东西、抽烟等。施药工具中途出现故障，要放气减压洗净后再修理。每天实际操作时间，不宜超过6小时，接连打药3～5天后，应换工一次。收工时，要用肥皂及时洗净手、脸，换洗衣裤等。凡接触过药剂的用具，应先用5%～10%碱水或石灰水浸泡，再用清水洗净。

②健全农药保管制度。农药要有专人、专仓或专柜保管，并须加锁。要有出入登记账簿。用过的空瓶、药袋要收回妥善处理，不得随意拿放。施药的器具也要有明显的标记，不可随便乱用。如果发现药瓶上标签脱落，应及时补贴，以防误用。

(2)除草剂的安全使用

①除草剂使用中存在的问题及其药害原因。

·不同农作物选用除草剂不当。有的农民对除草剂的性能、适用的农作物和使用方法不够了解，盲目滥用导致药害。如油菜除草剂错用于小麦除草，玉米使用的除草剂错用于水稻，规定在移栽田使用的除草剂错用于直播田、抛秧田等。

·不按除草剂标签说明施药。有的农民不按规定的用药量施用除草剂，随意加大农药的用药量或者施药不均匀而导致药害。如要求作物苗前用药的除草剂用于苗后用药等。

·不选择正确的施药时间。不少农民选择在高温、强烈阳光照射、空气干燥、雨天或露水未干时施药，这也很容易导致药害。如在水稻对除草剂敏感期内用药等。

·不按照科学方法施用除草剂。很多农民使用除草剂前，不仔细看说明书，不按要求操作。如使用禾大壮、丁苄等类型的除草剂时，稻田里必须有浅水层，水深以高处不露泥、低处不淹禾苗心叶为好，并保水5～7天。如不按要求的方法进行操作，极易导致药害。

·不均匀喷施除草剂。可湿性差的化学除草剂，容易出现沉淀现象。不少农户施药时不摇动药瓶，下层药液浓度过高，容易导致喷药不均匀，从而产生药害。

第六章 苗圃花卉的保护

・故意投毒,产生药害。这种情况比较特殊,近年来因故意投毒而产生药害的也较多。

②除草剂安全使用方法。

・苗前用药最安全。化学除草,多采用土壤处理,但必须按照标签要求在播种前或播种后用药,以杂草初生阶段除草效果最好。这样可以避免或减轻药剂对农作物的污染与残留。

・土壤平细湿润为好。在除草剂处理土壤时,土壤要求土表平整、细碎、湿润,这样不但可以保证施药均匀,而且还可以给杂草萌发创造有利条件,使杂草萌发一致,从而达到一次用药杀灭大部分杂草的目的,提高除草的效果。

・正确选择施药时间。一般在杂草的萌发期使用化学除草剂效果较好。而在杂草长到9~10厘米或分蘖后用药,则农药效果较差甚至无效。

・覆土及时。有的化学除草剂易挥发,如氟乐灵,用药后要立即覆土,才能保证防效。有的除草剂见光易分解,不能在阳光下曝晒。所以,用药后要立即覆土。

・均匀喷药。可湿性差的化学除草剂,容易出现沉淀现象。所以,喷施时要经常摇动,保证均匀喷药,否则下层药液浓度过高,容易引起药害。

・在温室栽培区应减量用药。温室的土壤温度高、湿度大,故农药的药效快而高。所以农药的用药量应较露地直播田减少20%~30%,以免发生药害。

・交替使用除草剂。长期单一使用一种除草剂除杂草,易产生抗性,交替用药才能提高除草效果。

・选用持效期短的除草剂。根据不同的品种生长期的长短,一般以选用持效期适宜的除草剂为好,以减少农药残留污染的时间,确保安全,否则易引发下季作物药害。

③除草剂药害的主要救治措施。

- 反复灌水洗田冲地稀释排毒。对施药过量造成药害的,可灌水洗田冲地稀释排毒降低药害。
- 使用适当的解毒剂解毒。根据药害的性质,可选用适当的药物进行解毒补救。一些植物生长调节剂可以作为除草剂的解毒剂,如喷洒适度的"九二零",可以缓解药害的程度。
- 连续喷水洗苗。因使用浓度过大或叶面吸收过多而引起的药害,可连续喷水冲洗,降低植株上的药物浓度。
- 追施速效肥料。及时摘除受害叶,增施腐熟人畜粪尿、尿素等速效肥,可以促进植株根系发育和新叶再生。
- 喷施叶面肥。叶面喷肥,植株吸收快。如使用0.1%~0.3%的磷酸二氢钾或磷钾精、喷施宝等进行叶面喷施,可促进水稻根系发育,尽快恢复生长。
- 采以补救措施。对较重药害应在查明药害原因的基础上,马上采取针对性补救措施,如棉花受二甲四氯药害时,可早打顶、重打顶,让余下的芽腋长出新枝,培养新株,同时喷芸薹素内酯、复硝钠促生长;稻苗受二甲四氯药害后,立即施石灰、草木灰解毒,喷九二零、叶面肥促进稻苗尽快恢复生长。

二、病害识别与防治

1. 病害识别

苗圃花卉病害大致有两类:一是传染性病害,其病原由真菌、细菌、病毒等引起,一般能扩大再传染,常造成病害的流行;二是非传染性病害,其病原由土壤、气候等条件引起,不传染。两种病害的识别方法是:先看症状,再看发生规律(是由少到多,由点到面,还是突然全部暴发),观察其特征,再取下或切片用显微镜检查,最后做病原菌分离培养、接种,确定其性质及种类。

叶片上出现斑点,周围一般有轮廓,比较规则,后期上面又生出

第六章 苗圃花卉的保护

黑色颗粒状物,这时再切片用显微镜检查。叶片细胞里有菌丝体或子实体,为传染性叶斑病,根据子实体特征再鉴定为哪一种病害。病斑不规则,轮廓不清,大小不一,查无病菌则为非传染性病斑。传染性病斑在一般情况下,干燥的多为真菌侵害所致。斑上有溢出的脓状物,病变组织有特殊臭味,一般多为细菌侵害所致。

叶片正面生出白色粉末状物,多为白粉病或霜霉病。白粉病在叶片上多呈片状,霜霉病则多呈颗粒状,叶片背面(或正面)生出黄色粉状物,多为锈病,如毛白杨锈病等。

叶片褪绿,叶片黄绿相间或皱缩变小、节间变短、丛枝、植株矮小多为病毒或支原体所引起,叶片黄化,整株或局部叶片均匀褪绿,进一步白化,一般由生理原因引起。

阔叶树枝叶枯黄或萎蔫,如果是整枝或整株的,先检查有没有害虫,再取下萎蔫枝条,检查其维管束和皮层下木质部,如发现有变色病斑,则多是真菌引起的导管病害,影响水分输送所造成;如果没有变色病斑,可能是由于茎基部或根部腐烂病或土壤气候条件不好所造成的非传染性病害。如果出现部分叶片尖端焦边或整个叶片焦边,再观察其发展,看是否有黑点,检查有无病菌;如果发现整株叶片很快焦尖或焦边,则多由于土壤、气候等条件引起。

树干、树茎皮层起泡、流水、腐烂、局部细胞坏死多为腐烂病;后期在病斑上生出黑色颗粒状小点,遇雨生出黄色丝状物的,多为真菌引起的腐烂病;只起泡流水,病斑扩展不太大,病斑上还生黑点的,多为真菌引起的溃疡病;树皮坏死,木质部变色腐朽,病部后期生出病菌子实体,是由真菌中担子菌所引起的树木腐朽病。

树木根部皮层腐烂、易剥落,多为紫纹羽病、白纹羽病或根朽病。紫纹羽病根上有紫色菌丝层;白纹羽病有白色菌丝层;后期病部生出病菌子实体多为根朽病,根部长瘤、表皮粗糙的,多为根癌肿病。幼苗根际处变色下陷,造成幼苗死亡的,多为幼苗立枯病。

树干树枝流脂、流胶,其原因较复杂,一般由真菌、细菌、昆虫或生理原因引起。如雪松、油松流灰白色松脂,与生理和树蜂产卵有关;栾树春天流树液,与天牛、木蠹蛾侵害有关;合欢流黑色胶,是由吉丁虫侵害引起。

树木小枝枯梢,枝梢从顶端向下枯死,多由真菌或生理原因引起,前者一般从星星点点的枝梢开始,逐渐发展,如柏树赤枯病等;后者一般是一旦发病,树体的大部分或全部枝梢出问题,而且发展较快。

2. 常见病害及防治

(1)叶斑病类 叶斑病是叶片组织受局部侵染,导致出现各种形状斑点病的总称。但叶斑病并非只是叶上发生,有一部分病害,既在叶上发生,也在枝干、花和果实上发生。叶斑病的类型有:黑斑病、褐斑病、圆斑病、角斑病、斑枯病、轮斑病等。如月季黑斑病、芍药褐斑病、香石竹叶斑病等。

下面以月季黑斑病和芍药褐斑病为例进行分析。

①月季黑斑病。

【分布与为害】 月季黑斑病为世界性病害,我国各地均有发生。它是月季最主要的病害。该病除为害月季外,还为害蔷薇、黄刺玫、山玫瑰、金樱子、白玉棠等近百种蔷薇属植物及其杂交种。此病为月季的一种较为常见的病害。常在夏秋季造成月季出现黄叶、枯叶、落叶,影响月季的开花和生长。

【症状】 主要为害月季的叶片,也为害叶柄和嫩梢。感病初期叶片上出现褐色小点,以后逐渐扩大为圆形或近圆形的斑点,边缘呈不规则的放射状,病部周围组织变黄,病斑上生有黑色小点,即病菌的分生孢子盘,严重时病斑连片,甚至整株叶片全部脱落,成为光秆。嫩枝上的病斑为长椭圆形、暗紫红色、稍下陷。

【病原】 该病由半知菌亚门、腔孢纲、黑盘孢目、放线菌属、蔷薇放线孢菌和半知菌亚门、盘二孢菌的蔷薇盘二孢菌侵染引起。蔷薇放线孢菌的分生孢子盘着生于表皮下,呈放射状。分生孢子近椭圆形或长卵形,无色,直或稍弯,有一个隔膜。

【发病规律】 病菌以菌丝和分生孢子在病残体上越冬。露地栽培,病菌以菌丝体在芽鳞、叶痕或枯枝落叶上越冬。温室栽培以分生孢子或菌丝体在病部越冬。分生孢子也是初侵染来源之一。分生孢子借风雨、飞溅水滴传播危害,因而多雨、多雾天气植株易于发病。孢子侵入试验表明,叶上有滞留水分时,孢子6小时内即可萌芽侵入。萌发侵入的适宜温度为20~25℃,pH为7~8,潜育期10~11天,老叶潜育期略长,为13天,多从下部叶片开始侵染。气温24℃、相对湿度98%、多雨天气易于发病。在长江流域,5~6月和8~9月为两次发病高峰期。在北方一般8~9月为发病高峰期。

②芍药褐斑病。

【分布与为害】 我国东北、四川、河北、新疆、北京等地都有发生。发病的芍药叶片植株矮小,叶片早枯。

【症状】 芍药褐斑病又称芍药红斑病、叶霉病,是芍药和牡丹的重要病害之一。发病后叶片出现不规则性病斑,病斑大小在5~15毫米,紫红色或暗紫色,潮湿条件下叶背面可产生暗绿色霉层,并可产生浅褐色轮纹。病变严重时,叶片焦枯破碎,如火烧一般,影响观赏效果。

【病原】 该病由半知菌亚门、丝孢菌纲、丛梗孢目、枝孢属、牡丹枝孢霉等引起。

【发病规律】 病菌以菌丝体在病残株和病叶上越冬。病菌自伤口侵入或直接从表皮侵入。潜育期6天左右。分生孢子借风雨传播。在多雨潮湿条件下植株发病较重。

叶斑病类的防治:结合修剪,剪除病枝、病芽和病叶并集中销毁,以减少侵染源;加强管理,多施磷、钾肥等,增强植株抗病能力;展叶前后喷施65%的代森锰锌可湿性粉剂500倍液或70%多菌灵可湿性粉剂1000倍液防治。

(2) 白粉病类 白粉病是园林植物中发生极为普遍的一类病害。一般多发生在寄主生长的中后期,可为害叶片、嫩枝、花、花柄和新梢。在叶上初为褪绿斑,继而长出白色菌丝层,并产生白粉状分生孢子,在生长季节会再侵染。重者可抑制寄主植物生长,叶片不平整,以致卷曲,萎蔫苍白。现已报道的白粉病种类有 155 种。白粉病可降低园林植物的观赏价值,严重者可导致枝叶干枯,甚至可造成全株死亡。

下面以月季白粉病和瓜叶菊白粉病为例进行分析。

① 月季白粉病。

【分布与为害】 全国各地都有发生。月季病情严重时出现落叶、花蕾畸形,严重影响切花产量和观赏效果。

【症状】 该病除在月季上普遍发生外,还可寄生蔷薇、玫瑰等花卉。主要为害新叶和嫩梢,也为害叶柄、花柄、花托和花萼等。被害部位表面长出一层白色粉状物(即分生孢子),同时枝梢弯曲,叶片皱缩畸形或卷曲,上、下两面布满白色粉层,渐渐加厚,呈薄毡状。发病叶片加厚,为紫绿色,逐渐干枯死亡。老叶较抗病。病害严重时叶片萎缩干枯,花少而小,严重影响植株生长、开花和观赏。花蕾受害后布满白粉层,逐渐萎缩干枯。受害轻的花蕾开出的花朵呈畸形。幼芽受害时不能适时展开,比正常的芽展开晚且生长迟缓。

【病原】 真菌病害,病原菌属子囊菌亚门白粉菌目白粉菌科。

【发病规律】 病菌主要以菌丝形式在寄主植物的病枝、病芽及病落叶上越冬。闭囊壳也可以越冬。翌春病菌随病芽萌发产生分生孢子,病菌生长适温为 18~25℃。分生孢子借风力大量传播、侵染,在适宜条件下只需几天的潜育期。每年 5~6 月及 9~10 月病害严重。温室栽培时可周年发病。该病在干燥、庇荫处发生严重,温室栽培较露天栽培发生严重。月季品种间抗病性有差异,墨红、白牡丹、十姐妹等易感病,而粉红色重瓣种粉团蔷薇则较抗病。多施氮肥,栽植过密,光照不足,通风不良都能加重该病的发生。灌溉的方式和时

第六章 苗圃花卉的保护

间均影响发病,滴灌和白天浇水能抑制病害的发生。

②瓜叶菊白粉病。

【分布与为害】 全国各地都有发生。发病时植株生长不良,叶片干枯,影响产量和观赏效果。

【症状】 病菌主要为害叶片,也为害花蕾、花、叶柄、嫩茎等。发病初期,叶片上产生小的白色粉霉状的圆斑,直径4～8毫米,条件适宜时,病斑迅速扩大,连成一片,使整张叶片布满白粉,造成叶片扭曲、卷缩、枯萎,导致植株生长衰弱,花小而提早凋谢。苗期发病较重。发病后期病斑表面可产生黑色小粒点——闭囊壳。

【病原】 病原为二孢白粉菌,属子囊菌亚门,白粉菌属。

【发病规律】 病菌以闭囊壳或菌丝体在病叶及其他病残体上越冬。翌年气温回升时,病菌借气流和水传播。孢子萌发后以菌丝侵入寄主表皮细胞,并产生大量分生孢子进行再侵染。适宜发病的温度为16～24℃,湿度大、通风不良时易引起该病大流行。成株在3～4月为发病高峰,幼苗11月为发病高峰。

白粉病类的防治:消灭越冬病菌,秋冬季节结合修剪,剪除病弱枝,清除枯枝落叶等并集中烧毁,减少初侵染来源;休眠期喷洒波美2～3度的石硫合剂,消灭病芽中的越冬菌丝或病部的闭囊壳;加强栽培管理,改善栽培环境;发病初期喷施15%粉锈宁可湿性粉剂1500～2000倍液、40%福星乳油8000～10000倍液、45%特克多悬浮液300～800倍液,温室内可用10%粉锈宁烟雾剂熏蒸;多抗霉素、农抗120等生物制剂对白粉病也有良好的预防和治疗效果;选用抗病品种。

(3)**锈病类** 锈病是由担子菌亚门冬孢子菌纲锈菌目的真菌引起的,该病菌主要为害园林植物的叶片,引起叶枯及叶片早落,严重影响植物的生长,该类病害以在病变部位产生大量锈状物而得名。锈病多发生于温暖湿润的春秋季,在不适宜的灌溉、叶面凝露及多风雨的天气条件下最易于发生和流行。

下面以菊花白色锈病为例进行分析。

【分布与为害】 全国普遍发生,影响菊花切花产量和品质。

【症状】 病菌主要为害叶片,初期在叶片正面出现淡黄色斑点,相应叶背面出现疱状突起,由白色变为淡褐色至黄褐色,表皮下即为病菌的冬孢子堆。严重时,叶上病斑很多,引起叶片上卷,植株逐渐衰弱,甚至枯死。

【病原】 病原为菊花白色锈病菌,属担子菌亚门,双孢锈属。

【发病规律】 白色锈病病菌在植株芽内越冬,次年春侵染新长出的幼苗,温暖多雨的环境下易于发病。菊花品种间抗病性有差异。菊花白色锈菌为低温型,冬孢子在温度12~20℃内适于萌发,超过24℃冬孢子很少萌发,多数菊花栽培地在夏季病菌可以自然消亡,但在可越夏地区则可蔓延成灾。

锈病类的防治:结合冬剪,减少侵染源;喷施波美2~3度的石硫合剂,消灭越冬菌体;改善环境条件,控制病害发生;生长季节喷施25%的三唑酮、苯菌灵可湿性粉剂;用生物农药多抗霉素、农抗120、70%甲基硫菌灵可湿性粉剂1500倍液或粉锈钠250~300倍液防治。

(4)灰霉病类 灰霉病是园林植物最常见的病害。各类花卉都可被灰霉病菌侵染。自然界大量存在着这类病原物,其中有许多种类寄主范围十分广泛,但寄生能力较弱,只有在寄主生长不良,受到其他病虫侵害、冻伤、创伤、植株幼嫩多汁抗性较差时,才会引起发病,导致植物体各个部位发生水渍状褐色腐烂。灰霉病在低温、潮湿、光照较弱的环境中易发生,因而是冬季日光温室中的常见病。病害主要表现为花腐、叶斑和果腐,但也能引起猝倒、茎部溃疡以及块茎、球茎、鳞茎和根的腐烂,受害组织上产生大量灰黑色霉层,因而称之为灰霉病。灰霉病在发病后期常有青霉菌和链格孢菌混生,导致病害的加重。

下面以仙客来灰霉病为例进行分析。

第六章 苗圃花卉的保护

【分布与为害】 仙客来灰霉病是世界性病害,全国各地均有发生。灰霉病为害仙客来的叶片和花瓣,造成叶片、花瓣腐烂,降低观赏性。

【症状】 仙客来的叶片、叶柄和花瓣均可受侵染。叶片受害呈暗绿色水渍斑点,病斑逐渐扩大,使叶片呈褐色干枯。叶柄和花梗受害后呈水渍状腐烂,之后下垂。花瓣感病后产生水渍腐烂并变褐色。在潮湿条件下,病部均可出现灰色霉层。发病严重时,叶片枯死,花器腐烂,霉层密布。

【病原】 病原菌无性阶段为灰葡萄孢菌,属半知菌亚门,葡萄孢属。有性阶段为子囊菌的富氏葡萄孢盘菌。

【发病规律】 病菌以菌核、菌丝或分生孢子随病残体在土壤中越冬。翌年,当气温达20℃,湿度较大时,产生大量分生孢子,借风雨等传播侵染,1年中有2次发病高峰期,即2～4月和7～8月。高温多湿该病易发生,在湿度大的温室内该病可常年发生,因而温室内栽培的仙客来易被重复侵染。土壤黏重、排水不良、光照不足、连作地块易发病。病菌从伤口侵入,室内花盆摆放过密使植株之间接触摩擦,叶面出现伤口,易于发病。病情随湿度的加大而变重。

灰霉病类的防治:加强管理及时消除病枝及枯落叶,温室栽培经常通风,排除积水,降低温度;春季多雨时,发病初期用65%代森锌可湿性粉剂500倍液,或1:1:100波尔多液,或75%百菌消可湿性粉剂600倍液,每隔1～2周喷1次,共喷2～3次。

(5)炭疽病类

下面以兰花炭疽病为例进行分析。

【分布与为害】 在兰花生产地区普遍发生。兰花炭疽病是兰花上发生普遍且为害严重的病害。主要侵害春兰、蕙兰、建兰、墨兰、寒兰以及大花蕙兰、宽叶兰等兰科植物。

【症状】 病菌在兰花上主要为害叶片。叶片上的病斑以叶缘和叶尖较为普遍,少数发生在基部。病斑呈半圆形、长圆形、梭形或不规则形,有数圈深褐色不规则线纹,病斑中央灰褐色至灰白色,边缘黑褐色。后期病斑上散生有黑色小点,为病菌的分生孢子盘,病斑多发生于上中部叶片。果实上的病斑为不规则、长条形黑褐色病斑。病斑的大小、形状因兰花品种不同而有差异。

【病原】 病原为兰炭疽菌,属半知菌亚门,炭疽菌属。

【发病规律】 病菌以菌丝体及分生孢子盘在病株残体或土壤中越冬。翌年气温回升,兰花展开新叶时,分生孢子进行初侵染。病菌借风、雨、昆虫传播,进行多次再侵染。病菌一般自植株伤口侵入,在嫩叶上可以直接侵入,潜育期2~3周。适宜病菌生长的温度为22~28℃,空气相对湿度在95%以上,土壤pH 5.5~6.0。雨水多,密度大,发病重。每年3~11月均可发病,雨季发病重,老叶4~8月发病,新叶8~11月发病。品种不同,抗病性有所差异,墨兰及建兰中的铁梗素较抗病,春兰、寒兰不抗病,蕙兰适中。

炭疽病类的防治:加强养护管理,增强植株的抗病能力,选用无病植株栽培,合理施肥与轮作,种植密度要适宜,以利通风透光,降低湿度;注意浇水方式,避免漫灌;盆土要及时更新或消毒;及时清除枯枝、落叶,剪除病枝,刮除茎部病斑,彻底清除根茎、鳞茎、球茎等带病残体,消灭初侵染来源,休眠期喷施波美3~5度的石硫合剂;发病期间药剂防治,特别是在发病初期及时喷施杀菌剂,可选用的药剂有:47%加瑞农可湿性粉剂600~800倍液、40%福星乳油8000~10000倍液、10%世高水分散粒剂6000~8000倍液、10%多抗霉素可湿性粉剂1000~2000倍液、6%乐比耕可湿性粉剂1500~2000倍液、50%多菌灵800倍液、70%甲基托布津1000倍液、75%百菌清800倍液或80%炭疽福美800倍液,每10~15天喷施1次,连喷4~5次;选育或使用抗病品种。

(6)霜霉病(疫病)类 该病典型的症状特点是叶片正面产生褐色多角形或不规则形的坏死斑,叶背相应部位产生灰白色或其他颜色疏松的霜霉状物,病原物为低等的鞭毛菌,低温潮湿的情况下发

第六章 苗圃花卉的保护

病重。

下面以月季霜霉病为例进行分析。

【分布与为害】 霜霉病是月季栽培中较重要的病害之一,发生较普遍。除月季外,还为害蔷薇属中的其他花卉,引起叶片早落,影响树势和观赏。

【症状】 该病为害植株所有地上部分,叶片最易受害,常形成紫红色至暗褐色不规则形病斑,边缘色较深。花梗、花萼或枝干上受害后形成紫色至黑色大小不一的病斑,感病枝条常枯死。发病后期,病部出现灰白色霜霉层,常布满整个叶片。

【病原】 病原为鞭毛菌亚门蔷薇霜霉菌。

【发病规律】 病菌以卵孢子和菌丝在患病组织或落叶中越冬。翌春,条件适宜时萌发产生孢子囊,随风传播。游动孢子自气孔侵入进行初侵染和再侵染。孢子传播的适宜温度为10℃～25℃,相对湿度为100%。湿度大时病害易发生与流行。露地栽培时该病主要发生在多雨季节,温室栽培时主要发生在春秋季。因昼夜温差较大,若温室不通风,则湿度较高,叶缘易积水发病。

霜霉病(疫病)类的防治:加强栽培管理,及时清除病枝及枯落叶;采用科学浇水方法,避免大水漫灌,温室栽培应注意通风透气,控制温湿度,露地种植的月季也应注意阳光充足,通风透气;药剂防治:花前,结合防治其他病害喷施1:0.5:240的波尔多液、75%百菌清可湿性粉剂800倍液、50%克菌丹可湿性粉剂500倍液。6月从田间零星出现病斑时,开始喷施58%瑞毒霉锰锌可湿性粉剂400～500倍液、69%安克锰锌可湿性粉剂800倍液、40%疫霉灵可湿性粉剂250倍液、64%杀毒矾可湿性粉剂400～500倍液、72%克露可湿性粉剂750倍液。7月份再喷施1次,即可基本控制病害。发病后,也可用50%甲霜铜可湿性粉剂600倍液、60%琥乙磷铝可湿性粉剂400倍液灌根,每株灌药液300克。

(7)枯、黄萎病

下面以香石竹枯萎病为例进行分析。

【分布与为害】 全国各地都有发生。引起植株枯萎死亡。

【症状】 香石竹整个生长期都可发生此病。发病初期植株顶梢生长不良,植株逐渐枯萎死亡。发病后期,叶片变成稻草色。有时植株一侧生长正常,一侧萎蔫。剖开病茎时,可见到维管束中变褐的条纹,一直延伸到茎上部。

【病原】 香石竹枯萎病的病原为半知菌亚门、丝孢纲、丛梗孢目、镰孢属的石竹尖镰孢等。

【发病规律】 病原菌主要在病残体和土中越冬。通过根茎侵入,在病部产生子实体和分生孢子,分生孢子借风雨和灌溉水进行传播。连作、高温多雨条件下,该病发生较多。

枯、黄萎病的防治:拔除病株销毁;在苗圃实行轮作 3 年以上;每平方米土壤用 40% 福尔马林 100 倍液 36 千克浇灌,然后用薄膜覆盖 1～2 周,揭开 3 天以后再用;及时剪除病枝并销毁。发病初期可选用 50% 退菌特可湿性粉剂 500 倍液、50% 多菌灵可湿性粉剂 800～1000 倍液、70% 甲基硫菌灵可湿性粉剂 1000 倍液或 0.1% 代森锰锌可湿性粉剂与 0.1% 苯来特可湿性粉剂混合液喷洒。

(8)根部病害

下面以仙客来根结线虫病为例进行分析。

【分布与为害】 仙客来根结线虫病在我国较为常见,仙客来根结线虫能使植株生长受阻,病害严重时,植株全株枯死。该线虫的寄主范围很广,除仙客来外,还可为害桂花、海棠、仙人掌、菊、大理菊、石竹、大戟、倒挂金钟、栀子、鸢尾、香豌豆、天竺葵、矮牵牛、蔷薇、凤尾兰、旱金莲、堇菜、百日草、紫菀、凤仙花、马蹄莲、金盏菊等。

【症状】 该线虫为害仙客来球茎及根系的侧根和支根,在球茎上形成大的瘤状物,直径可达 1～2 厘米。侧根和支根上的瘤较小,一般单生。根瘤初为淡黄色,表皮光滑,以后变为褐色,表皮粗

第六章 苗圃花卉的保护

糙。若切开根瘤,则在剖面上可见有发亮的白色点状颗粒,此为梨形的雌虫体。严重者根结呈串珠状,须根减少,地上部分植株矮小,长势衰弱,叶色发黄,树枝枯死,以致整株死亡。症状有时与生理病害相混淆。根结线虫除直接侵害植物外,还使植株易受真菌及细菌的侵害。

【病原】 根结线虫分为南方根结线虫、花生根结线虫、北方根结线虫、爪哇根结线虫。在我国,仙客来以前两种病原侵染为害较普遍。

【发病规律】 病土和病残体是最主要的侵染来源。病土内越冬的二龄幼虫,可直接侵入寄主的幼根,刺激寄主中柱组织,引起巨型细胞的形成,并在其上取食,于是受害的根肿大而成虫瘿(根结)。根结线虫也可以卵越冬,翌年环境适宜时,卵孵化为幼虫,入侵寄主。幼虫经4个龄期发育为成虫,随即交配产卵,孵化后的幼虫可再入侵寄主。在适宜条件下(适温20~25℃),线虫完成1代最短仅需17天左右,长者1~2个月,1年可发生3~5代。温度较高时,多湿通气好的沙壤土上发病较重。线虫可通过水流、病肥、病种苗及农事作业等方式传播。线虫随病残体在土中可存活2年左右。

根部病害的防治:加强植物检疫,以免疫区扩大;及时清除烧毁病株,以减少线虫随病残体进入土壤;线虫的卵和幼虫在土壤中存活的时间有限,用非寄主植物进行轮作,轮作期限根据线虫的存活期限而定,一般为3年;改善栽培条件,伏天翻晒几次土壤,可以消灭大量病原线虫,清除病株、病残体及野生寄主,合理施肥、浇水,使植株生长健壮。土壤处理常用的品种有:二溴氯丙烷(80%乳剂每公顷30千克、兑水525~750千克沟施,20%颗粒剂每平方米15~20克);染病球茎在约46.6℃温水中浸泡60分钟,或在约45.9℃温水中浸泡30分钟;种植期或生长期出现病株时,每公顷可将10%克线磷45~75千克施于根际附近,可沟施、穴施或撒施,也可把药剂直接施入并浇水。

(9) 幼苗猝倒和立枯病

【分布与为害】 幼苗猝倒和立枯病是世界性病害,也是园林植物最常见的病害之一。各种草本花卉和园林树木的苗期都可发生幼苗猝倒和立枯病,严重时发病率为50%~90%,经常造成园林植物苗木的大量死亡。

【症状】 幼苗猝倒和立枯病是植株在不同生长时期发病而表现出的不同的症状类型;苗木种子播种后,由于受到病菌的侵染或不良条件的影响,种子或种芽在土中腐烂,不能出苗;幼苗出土后,幼苗未木质化之前,由于病菌的侵染,幼苗茎基部出现水渍状病斑,病部褐色腐烂、缢缩、倒伏死亡,这种症状类型称为"猝倒型";幼苗苗茎木质化后,根部或根茎部被病菌侵染,发病部位腐烂,幼苗逐渐枯死,但幼苗不倒伏,直立枯死,这种症状类型被称为"立枯型"。

【病原】 引起幼苗猝倒和立枯病的原因有以下两方面:一是由非侵染性病原引起,如土壤积水或过度干旱,地表温度过高或过低,土壤中施用生粪或施用农药浓度过高等;二是由一些真菌侵染所引起,这些真菌主要有鞭毛菌亚门的腐霉菌,如德巴利腐霉和瓜果腐霉、半知菌亚门的丝核菌、半知菌亚门的镰刀菌。

幼苗猝倒和立枯病的防治:幼苗猝倒和立枯病的防治应采取以农业栽培措施防治为主,配合以化学防治的综合防治措施。苗床用药剂进行处理,做好土壤消毒工作;加强苗床管理,选用地势较高、排水较好、光照充足的地块做育苗床;推广营养钵育苗;精选种子,适时育苗;发病初期及时喷药防治。

(10) 根癌病类

下面以月季根癌病为例进行分析。

【分布与为害】 月季根癌病分布在世界各地,在我国分布也很广泛。该病除为害月季外,还为害大丽菊、樱花、夹竹桃、银杏、金钟柏等。

【症状】 月季根癌病主要发生在根颈处,也可发生在主根、侧根

第六章 苗圃花卉的保护

以及地上部的主干和侧枝上。发病初期病部膨大呈球形或半球形的瘤状物。幼瘤为白色，质地柔软，表面光滑。后来，瘤体逐渐增大，质地变硬，褐色或黑褐色，表面粗糙、龟裂。由于根系受到破坏，发病轻的造成植株生长缓慢、叶色不正，重则引起全株死亡。

【病原】 该病由细菌引起，为根癌土壤杆菌，又名"根癌农杆菌"。菌体呈短杆状，具1～3根极生鞭毛。革兰氏染色阴性反应，在液体培养基上形成较厚的、白色或浅黄色的菌膜；在固体培养基上菌落圆而小，稍突起，半透明。发育最适温度约为22℃，最高约为34℃，最低约为10℃，致死温度为51℃（10分钟）左右。耐酸碱度范围pH为5.7～9.2，以pH为7.3左右最适合。

【发病规律】 病原细菌可在病瘤内或土壤中病株残体上生活1年以上，若2年得不到侵染机会，细菌就会失去致病力和活力。病原细菌传播主要靠灌溉水和雨水、采条、耕作农具、地下害虫等传播。远距离传播靠病苗和种子的运输。病原细菌从伤口入侵，经数周或1年以上就可出现症状。偏碱性、湿度大的沙壤土发病率较高。连作时病害易发生，苗木根部有伤口时多发此病。

根癌病类的防治：对床土、种子消毒，每平方米用70％五氯硝基苯粉8克混入细土15～20千克均匀撒在床土中，然后播种，对病株周围的土壤也可按每平方米50～100克的用量，撒入硫磺粉消毒；花木定植前7～10天，每亩底肥增施消石灰约100千克或在栽植穴中施入消石灰与土拌匀，使土壤呈微碱性，有利于防病；病土须经热力或药剂处理后方可使用，最好不在低洼地、渍水地、稻田种植花木，或用氯比苦消毒土壤后再种植，病区可实施2年以上的轮作；细心栽培，避免各种伤口；注意防治地下害虫，因为地下害虫造成的伤口易增加根瘤病菌侵入的机会；改劈接为芽接，嫁接用具可用0.5％高锰酸钾溶液消毒；加强检疫，对怀疑有病害的苗木可用500～2000毫克/千克的链霉素溶液浸泡约30分钟或1％的硫酸铜溶液浸泡约5分钟，用清水冲洗后栽植。

三、虫害识别与防治

1. 虫害识别

苗圃花卉的害虫种类很多,只从植株被害状况来区别,往往不够准确。害虫有很多共同性,但也有特殊性,要根据害虫的共同性来区别类别,再根据其特殊性来识别品种。

(1)为害树枝、树干内部的害虫 为害树枝、树干内部的害虫一般多为天牛类、木蠹蛾类、透翅蛾类、吉丁虫类、象甲类、小蠹虫类、蜂类、螟蛾类和卷蛾类等害虫。天牛、木蠹蛾所蛀食的隧道深而长,一般不规则,多往外排粪,但天牛幼虫一般虫体为白色或黄色,无足,而木蠹蛾的幼虫一般为红色,有足。透翅蛾和枝天牛在大树上为害枝条,透翅蛾在苗圃也为害幼苗树干,多蛀食树干髓部,被害处膨大,隧道规则。枝天牛虫瘿为长圆形,幼虫白色,无足;透翅蛾虫瘿为椭圆形,幼虫白色,有足。另外还有一些蛀食嫩枝、嫩梢的害虫,如松梢螟、叶柄小卷蛾、枝瘿象甲、天牛等。

(2)为害叶部害虫 为害嫩梢、嫩叶,造成卷叶或皱缩,但没有咬伤,上有油质分泌物的害虫多是蚜虫和木虱等。蚜虫腹部背面有腹管,夏天在叶片上很少有卵,而木虱和粉虱则没有腹管,在叶片上常留下很多卵。粉虱幼虫多固定不动且有蛹,而木虱则相反。为害嫩梢并常把叶片粘在一起的害虫多为卷叶虫类。把许多叶子用丝连缀在一起的害虫多为巢蛾或缀叶螟类。春天杨柳树冠下部,特别是靠近树干的许多叶片被啃且被啃的叶片上有白色透明小白点,常是柳毒蛾为害所致。如在夏天发生这种现象,也可能是扁刺蛾为害所致,但扁刺蛾白天能在叶片上找到幼虫,而柳毒蛾则找不到。夏秋季把零星叶片啃成大块,或把整个叶片都啃成白色透明网状的害虫多为褐锈刺蛾或绿刺蛾。杨树、柳树、榆树等许多树木的叶片被啃且被啃叶片表面有透明白点的,常是金花虫为害所致。把杨柳树一些枝条

第六章 苗圃花卉的保护

尖端叶片打成包，藏在其中，并将叶片啃成透明网状的害虫多为舟蛾。杨柳树尖端叶片被啃成窟窿，边缘不整齐，焦枯或小叶变黄等，多为金龟子为害所致。一个枝连一个枝的树叶被吃光，仅留下叶柄的，一般是刺蛾，或者是天蛾、苹果舟蛾、天幕毛虫等为害所致。幼虫把叶卷成筒状，藏在叶内为害的害虫，多为元宝枫细蛾、大花秋葵棉大卷叶螟等。幼虫把叶片纵向折叠成"饺子"状，藏在里面为害的害虫，多为梨星毛虫，但也可能是蚜虫，但蚜虫为害的叶片多皱缩不平，叶表面有黏液状排泄物，没有被啃咬现象。叶边缘特别是叶基部向背面纵卷成绳状，严重时部分或整株树出现焦叶、落叶，多是红蜘蛛为害所致。4~5月间，苗圃中的幼苗、幼芽和幼叶被咬坏，但白天在苗上找不到虫子，多是象鼻虫或金龟子为害所致，它们白天藏在附近土块、土缝下，傍晚出来为害植株。

(3) 为害根部和根际部害虫 地表根际部分树皮被咬坏，多是地老虎为害所致。金针虫、蛴螬或大蚊幼虫等有时将苗咬断，拉入巢内，咬坏苗根，但苗根处的地表无明显隧道；蝼蛄与金针虫等一样为害苗根，但在受害苗根处的地表上有明显隧道。若在植株根部发现白色蜡质的小虫，多为棉蚜。天牛多为害较粗的根，被害根处的地表有较大而不规则的隧道。

2. 常见虫害及其防治

(1) 棉蚜 棉蚜群集于寄主的枝梢、花蕾、花朵和叶片的背面，吸取汁液，使叶片皱缩，影响开花。棉蚜以卵越冬。本地防治多采用以下措施：保护和利用棉蚜的自然天敌，剪除虫枝，集中处理，以减少虫源，虫害初期用1.2%烟参碱乳油1000倍液或10%吡虫啉3000~4000倍液、50%抗蚜威可湿性粉剂1500倍液喷施。

(2) 桃蚜 桃蚜主要为害寄主的叶片，叶片受害后，向后横卷，呈不规则状卷缩，最后干枯脱落，其排泄物可诱发灰煤病。桃蚜以卵越冬，或以无翅胎生雌蚜在十字花科植物上越冬。本地防治与棉蚜防治措施相同。

(3)桃瘤蚜 桃瘤蚜的成虫和幼虫喜在寄主的叶背和新梢上吸食汁液,被害叶片边缘增厚,凹凸不平,向叶背纵卷。受害叶片初呈淡绿色,后变桃红色,严重时全叶卷曲。桃瘤蚜以卵越冬。本地防治多采用与棉蚜防治相同的措施。

(4)月季长管蚜 月季长管蚜主要为害花蕾及嫩梢。寄主植株受害后枝梢生长缓慢,花蕾和幼叶不宜伸展,花型变小。月季长管蚜的排泄物可诱发煤污病,使枝叶发黑,影响观赏。月季管蚜以成蚜和若蚜的形式在月季蔷薇的叶芽和叶背越冬。本地防治多采用与棉蚜防治相同的措施,当有翅蚜虫发生时可采用黄板诱杀。

(5)桃一点斑叶蝉 桃一点斑叶蝉的成虫和若虫栖息于寄主的叶背,刺吸叶片汁液,使叶片呈现白色小斑点,严重时,整片叶苍白导致早期脱落。桃一点斑叶蝉以成虫的形式越冬。本地防治注意消除杂草,剪除虫卵枝,集中处理,或在低龄若虫期用20%叶蝉乳油800倍液或20%速灭威可溶性粉剂400~600倍液喷施来防治。

(6)小绿叶蝉 小绿叶蝉的成虫和若虫栖息于寄主的叶背,刺吸叶片汁液,使叶片呈现白色小斑点,严重时整片叶颜色苍白,提早脱落。小绿叶蝉以成虫的形式越冬。本地防治多采用与桃一点斑叶蝉相同的防治措施。

(7)草履蚧 草履蚧的若虫多寄居于寄主的新梢和叶背主脉两侧,成虫寄居于寄主的主脉阴面及枝杈处或枝条叶面上,终生吸取汁液。草履蚧会影响植物的生长,影响树势,并可诱导多种疾病。草履蚧以卵形式在寄主根部周围土壤越冬。防治措施:剪除被害虫枝,集中处理,减少虫源;用20%康福多乳油4000倍液或40%乐果乳油1000倍液喷施防治;用20~25倍机油乳剂喷施。

(8)桑白蚧 桑白蚧终生靠吸取寄主汁液生存,危害严重时蚧壳密集重叠,枝条像挂了一层棉絮,被害花木生长不良,树势减弱,影响花木开花,甚至导致花木死亡,并可诱导多种疾病。受精的雌虫在茎干上

第六章 苗圃花卉的保护

越冬。本地防治多采用冬季或早春喷波美 3～5 度石硫合剂或 16～18 倍松脂合剂喷施等措施。

(9)朝鲜球坚蚧 朝鲜球坚蚧终生靠吸食寄主汁液生存,寄主枝条上常见蚧壳累累,受害花木一般生长不良,严重时整株死亡。朝鲜球坚蚧以二龄若虫越冬。本地防治采取在第一代若虫孵化高峰期用 25％优乐得可湿性粉剂 1500～2000 倍液或 20％康福多乳油 4000 倍液喷施等措施。

(10)光肩星天牛 光肩星天牛的成虫啃食寄主的嫩枝和叶脉,幼虫蛀食寄主的韧皮部和边材,并在木质部蛀成不规则的坑道,严重阻碍寄宿植株内养分和水分的运输,使树皮凹陷,树体生长畸形,影响树木的正常生长,使枝干干枯甚至全株死亡。光肩星天牛以 1～3 龄幼虫越冬,本地多不予防治。

(11)星天牛 星天牛的成虫啃食寄主的嫩枝和叶脉,幼虫蛀食寄主的韧皮部和边材,并在木质部蛀成不规则的坑道,虫道内充满虫粪,有明显的深褐色似酱油状树液流出,虫害严重时寄主枝干干枯甚至全株死亡。星天牛以幼虫在被害寄主木质部内越冬。本地防治措施:及时剪除萎蔫茎梢,集中处理;5～7 月份在清晨露水未干时人工捕捉成虫,成虫期喷施 20％菊杀乳油或 90％晶体敌百虫 1500 倍液。

(12)铜绿丽金龟 铜绿丽金龟主要啃食寄主的叶片,形成孔洞、缺刻或秃枝。幼虫主要为害多种植物的根茎和球茎。铜绿的金龟以幼虫在土中越冬。本地人工防治时,利用成虫的假死习性,早晚振落捕杀成虫,黄昏后在苗圃边缘点火诱杀,或用黑光灯诱杀,成虫期用 50％杀螟硫磷乳油 1500 倍液喷施。

(13)舞毒蛾 舞毒蛾幼虫取食寄主的叶、芽。越冬幼虫为害严重,可将树芽食光。幼虫在树干、树洞内、树叶间吐丝固定虫体化蛹,以卵块在树干、树皮缝、树杈处、落叶层处越冬。本地防治多采用黑光灯或性引诱剂诱杀成虫;人工刮除越冬卵块,摘除虫茧,或在树干上绑草来诱集越冬幼虫并集中处理;低龄幼虫期采取喷洒毒液或

20%菊杀乳油2000倍液喷施。

(14)**大袋蛾** 大袋蛾的幼虫能负袋而行,取食时多把虫体前半部伸出袋外,取食树叶、嫩枝和幼果,几天内能将全树枝叶食尽,残存秃枝光杆,严重影响树木生长、开花结实,使枝条枯死或整株死亡。大袋蛾以幼虫在保护囊内越冬。防治措施:设置黑光灯诱杀成虫;冬季结合修剪除虫囊;在低龄幼虫期用90%晶体敌百虫1000倍液或20%菊杀乳油2000倍液于傍晚或阴天喷施。

四、苗圃杂草的防除

1. 苗圃杂草的特点

(1)**产种量大** 杂草一生能产生大量种子以繁衍后代,如马唐、绿狗尾、灰绿藜、马齿苋在上海地区一年可产生2~3代。一株马唐、马齿苋可以产生2万~30万粒种子,一株异型莎草、藜、地肤、小飞蓬可产生几万至几十万粒种子。如果没有除净杂草,让杂草开花繁殖,必将留下数亿甚至数十亿粒种子,那么3~5年后都很难除尽。

(2)**繁殖方式复杂多样** 有些杂草不但能产生大量种子,还具有无性繁殖能力。无性繁殖的形式主要有:根蘖繁殖,进行根蘖繁殖的有苣荬菜、小蓟、大蓟、田旋花等;根茎繁殖,进行根茎繁殖的有狗牙根、牛毛毡、眼子菜等;匍匐茎繁殖,进行匍匐茎繁殖的有狗牙根、双穗雀稗等;块茎繁殖,进行块茎繁殖的有水莎草、香附子等;须根繁殖,进行须根繁殖的有狼尾草、碱茅等;球茎繁殖,进行球茎繁殖的有野慈姑等;另外,眼子菜还可以通过鸡爪芽(鳞茎)进行繁殖。

(3)**传播方式具有多样性** 杂草种子易脱落,且具有易于传播的结构或附属物,借助风、水、人、畜、机械等外力可以传播很远,分布很广。

(4)**种子具有休眠性** 杂草种子多会休眠且休眠顺序、时间不一致。

(5)**种子寿命长** 根据报道,野燕麦、看麦娘、蒲公英、冰草、牛筋草的种子一般可存活 5 年左右;金狗尾、荠菜、狼尾草、苋菜、繁缕的种子一般可存活 10 年以上;狗尾草、蓼、马齿苋、龙葵、羊蹄、车前草、蓟的种子一般可存活 30 年以上;反枝苋、豚草、独行菜等的种子一般可存活 40 年以上。

(6)**杂草出苗不整齐,成熟期不一致** 大部分杂草出苗不整齐,例如荠菜、小藜、繁缕、婆婆纳等,除最冷的 1~2 月和最热的 7~8 月外,一年四季都能出苗、开花;看麦娘、牛繁缕、大巢菜等在上海郊区于 9 月至翌年 2~3 月都能出苗,早出苗的于 3 月中旬开花,晚出苗的至 5 月下旬还能陆续开花,先后延续 2 个多月;马唐、绿狗尾、马齿苋、牛筋草在上海地区从 4 月中旬开始出苗,一直延续到 9 月,先出苗的于 6 月下旬开花结果,先后相差 4 个月。即使是同株杂草,开花的时间也不相同,禾本科杂草看麦娘、早熟禾等,穗顶端先开花,随后由上往下逐渐开花,种子成熟期约相差 1 个月。牛繁缕、大巢菜属于无限花序,4 月中旬开始开花,边开花边结果,可延续 3~4 个月。另外,种子的成熟期不一致,导致其休眠期、萌发期也不一致,这给杂草的防除带来了很大困难。

(7)**杂草的竞争力强,适应性广,抗逆性强** 杂草吸收光能和水肥能力强,生长速度快,竞争力强,耐干旱的能力也很强。

2.苗圃杂草的危害

(1)**与园林植物争水、肥、光能等** 杂草的适应性强,根系庞大,耗费水肥能力极强,与园林植物竞争,易导致园林植物营养缺乏。

(2)**杂草是部分植物病害、虫害的中间寄主** 如蚜虫、飞虱等,均可以通过杂草传播病毒,给园林植物带来危害。

(3)**增加生产管理成本** 杂苗的防治、清除,都需要一定的人力和物力,使生产管理成本增加。

(4)**影响人畜健康** 如鬼针草的种子容易刺入人的衣服,较难拔掉,刺入皮肤容易发炎;苦荬菜、泽漆的茎中含有丰富的白色汁液,碰断后一旦沾到衣服上很难清洗;蒺藜的种子容易刺伤人的皮肤;豚草的花粉可使有些人过敏,过敏患者出现哮喘、鼻炎等症状。

3.苗圃杂草的分类

由于杂草种类多,形态各异,加上有些杂草具有拟态性,更增加了杂草识别的难度。为此,简要了解园林苗圃杂草的分类,是认识杂草和防除杂草的前提。根据杂草形态、生物学特性、生态学特性,以及研究和防除目的等多种方法,可以对杂草进行分类。

(1)按生物学特性分类 通常杂草按生物学特性可分为一年生杂草、越年生杂草和多年生杂草。一年生杂草种子发芽、开花、结果等整个生活周期在一年内完成,这类杂草都靠种子繁殖,幼苗不能越冬,每年只结实一次,如金狗尾草、藜、苋、苍耳等。越年生或两年生杂草越年生杂草靠需要度过两个完整的夏季才能完成生长发育周期。越年生杂草靠种子繁殖,一般在夏秋季发芽,以幼苗或根越冬,次年夏秋季开花结实,但也有春天发芽,当年开花结实的,整个生命周期跨越两个年度,如黄花蒿、益母草等。多年生杂草多为宿根型杂草,一般在田间生存3年以上,一生中可多次开花结实。这类杂草的越冬芽、根茎、块茎、块根及鳞茎等在土壤中越冬,如眼子菜等,近年来在园田中大量发生,而且难以防除,如根茎杂草(问荆等)、根芽杂草(苦荬菜等)、直根杂草(羊蹄等)、球茎杂草(香附子等)。

(2)依据杂草对草坪的危害程度和防治重要性分类 依据杂草对草坪的危害程度和防治重要性可以分为4类。

①重要杂草,指在全国或多数省市范围内普遍存在且危害严重的种类,共16种,分别是旱稗、稗草、异型莎草、眼子菜、鸭舌草、雀麦、马唐、牛筋草、狗尾草、香附子、狗牙根、藜、苦荬菜、反枝苋、牛繁缕、白茅。

②主要杂草,指分布范围较广,危害较为严重的杂草种类,共计21种,分别是水莎草、碎米莎草、野慈姑、节节菜、空心莲子菜、金色

狗尾草、双穗雀稗、棒头草、猪殃殃、繁缕、刺儿菜、小藜、凹头苋、马齿苋、大巢菜、大蓟、播娘蒿、荠菜、千金子、细叶千金子、芦草。

③地域性主要杂草,局部危害比较严重。

④次要杂草,一般不会造成严重危害。

(3)根据除草剂的防除对象分类 根据除草剂的防除对象可以将杂草分为禾本科杂草、阔叶杂草和莎草科杂草3类。

①禾本科杂草。叶片长条形;叶脉平行;茎多有节间,切面为圆形;根为须根系。

②阔叶杂草。叶片宽阔;叶脉网纹状;茎切面为圆形或方形;根为直根系,有主根。

③莎草科杂草。叶片长条形;叶脉平行;簇生无节间;茎切面为三角形;根为须根系。

4.苗圃杂草的清除

(1)除草要点

①除草应在杂草萌发之初尽早进行。此时杂草根系较浅,入土不深,易于去除,否则日后清除时费时、费力。

②杂草开花结实之前必须全部清除。否则,一次结实后,需多次除草,甚至数年后才能清除。

③对于多年生杂草,必须将其地下部分全部掘出,否则,地上部分不论刈除多少,地下部分仍能萌发,难以全部清除。

(2)除草剂的使用

①杂草萌芽前使用的常见除草剂。在杂草萌芽以前将封闭型除草剂喷施在地面,借助土壤水分分布于土壤表面,形成约1厘米厚的药膜,杂草种子萌发时接触药膜即死。封闭型除草剂在土壤中有一定持效期,一般为30~60天,个别品种的持效期在6个月以上。封闭型除草剂在黏土、壤土中易形成稳定的药膜,在沙土、沙壤土中难以形成稳定药膜,不建议使用。另外,封闭型除草剂对已经长出的杂

草几乎没有效果。封闭型除草剂主要有圃草封、萘丙酰草胺、氟乐灵等。

·圃草封，为杂环类除草剂。在杂草种子萌发过程中，幼芽、茎和根吸收药剂后而起除草作用。双子叶植物的吸收部位为下胚轴，单子叶植物的吸收部位为幼芽。圃草封所杀杂草种类多，除防治多种禾本科杂草及阔叶草外，还适用于绝大多数木本植物。圃草封的残效期长（长达60～90天），适用范围广，在苗木芽前、芽后1个月和幼林大苗均可使用。圃草封对莎草科杂草无效。它和乙氧氟草醚配合使用效果更好。使用方法主要有喷雾法和毒土法。

·敌草胺，为酰胺类选择性苗前土壤处理除草剂。敌草胺能降低杂草组织的呼吸作用，抑制杂草的细胞分裂和蛋白质合成，使根生长受抑制，心叶卷曲，最后死亡。敌草胺可杀死多种萌芽期阔叶及禾本科杂草。禾本科杂草主要通过芽鞘吸收药物，阔叶杂草通过幼芽及幼根吸收药物。

·氟乐灵，为选择性芽前土壤处理剂。氟乐灵主要通过杂草的胚芽鞘与胚轴被吸收。氟乐灵易挥发、易光解、水溶剂极小，不易在土层中移动。它对已出土杂草无效，对禾本科和部分小粒种子的阔叶杂草有效，持效期长。氟乐灵既有触杀作用，又有内吸作用，是选择性播前或播后出苗前土壤处理除草剂，可用于园林苗圃除草，在苗木生育期用药需洗苗后再覆土。它能防除一年生禾本科杂草及种子繁殖的多年生杂草和某些阔叶杂草。但是它对苍耳、香附子、狗牙根的防除效果较差或无效，对出土成株杂草无效。一般在杂草出土前作土壤处理均匀喷施，并随即交叉耙地，将药剂混拌在3～5厘米深的土层中，在干旱季节还要镇压，以防药剂挥发、光解，降低药效。氟乐灵对杉木种子的发芽无抑制作用，持效期较长，是土壤处理较理想的除草剂。

②杂草萌芽后使用的常见除草剂。杂草萌芽后可选用灭生性除草剂、选择性除草剂。该类除草剂通常在杂草出芽后使用，对未长出

的杂草基本无效(只有个别除草剂品种例外)。在杂草旺盛生长期,将对应除草剂按照推荐用量和兑水量混匀,均匀喷施于杂草叶片,通过触杀或叶片吸收传导,导致杂草光合作用停止、呼吸作用停止、破坏杂草生理过程中必需的生物酶等作用,导致杂草死亡。

灭生性除草剂主要有草甘膦、草铵膦和百草枯等。

·草甘膦,为内吸传导型广谱灭生性除草剂。草甘膦常用于处理茎叶,对壤处理无效。草甘膦适用于苗圃步道及园林大树下喷洒,其杀草谱广,能杀死40多个科百余种杂草,防除效果最佳的是窄叶杂草(如禾本科、莎草科杂草)。豆科、百合科、茶科、樟科植物叶面蜡质层厚,植物抗药性较强,因此用草甘膦难以防除。草甘膦对杂竹、芒萁骨的防除效果极差。草甘膦防除林地白茅、五节芒、大芒、菜蕨的效果好,能斩草除根。草甘膦价格低,经济效益显著;无环境污染,对土壤里潜藏的种子和土壤微生物无影响;要定向喷在杂草上,否则易产生药害,不适宜在小苗苗床上喷洒;可混合性强,能与盖草能、果尔等土壤处理除草剂混用,除灭草外,还能预防杂草危害。但是该除草剂对未萌发的杂草无预防作用。草甘膦的常见剂型有水剂、可溶性粉剂等。

·草铵膦,为内吸传导型广谱灭生性除草剂。草铵膦主要作茎叶处理,对土壤处理无效,主要用于果园、葡萄园、苗圃和非耕地除草,可防除森林和高山牧场的悬钩子和蕨类植物。

·百草枯,为速效触杀型广谱灭生性除草剂。百草枯主要作茎叶处理,对土壤处理无效,能杀死大部分禾本科和阔叶杂草,只对绿色组织起作用;见效快,施药半小时就能被杂草吸收,半小时后下雨不受影响,见效快,杂草一天黄三天死。百草枯只能杀死杂草的地上部分,不能杀死地下部分,几天后新草又长出。

选择性除草剂主要有环嗪酮、圃草净等。

·环嗪酮,为选择性内吸传导性广谱高效林地除草剂,属于均三氮苯类除草剂,具有芽前、芽后除草活性。既能杀草,也能抑制种子萌发,用药量少,杀草谱广,持效期长,用药一次可保持1~2年内基本无草。植物根、叶都能吸收该药,主要通过木质部传导。环嗪酮对针叶树(松树、柏树等)根部没有伤害,是优良的林用除草剂;药效进程较慢,杂草约1个月,灌木约2个月,乔木3~10个月;对人畜低毒;适用于常绿针叶林,如红松、樟子松、云杉、马尾松等幼林抚育;可用于造林前除草灭灌、维护森林防火线及林分改造等,可防除大部分单子叶和双子叶杂草及木本植物。

- 圃草净,适用于多种木本及移栽苗圃。草花类及木本扦插苗圃禁用。圃草净对金森女贞毒害大;可防除绝大多数5叶以下(杂草株高约在10厘米以下)的禾本科杂草、阔叶杂草及莎草科杂草;对5叶以上杂草的防除效果差;对木质化杂草无效;可作定向喷施处理,如对杂草叶片进行均匀喷施;尽量不要喷到苗木幼嫩叶片上。用药后24小时内杂草停止生长,7~10天内杂草开始变黄枯萎,10~15天死亡。圃草净A瓶用于防除多种禾本科杂草,防除狗牙根、茅草时每亩需增加1倍用药量;圃草净B瓶用于防除5叶以下的多种阔叶杂草、莎草科杂草。防除禾本科杂草、阔叶杂草及莎草科杂草时,须将A瓶、B瓶结合使用。注意尽量不要喷到苗木叶片上。喷到幼嫩叶片上后植株会有短期叶片发黄或停止生长现象,浇水后15天内可恢复正常生长。如发黄严重,可以喷施赤霉素或芸苔素内酯、速生根掺加尿素解毒,7天喷1次,连续喷2次。

第七章
苗圃花卉的出圃

苗木出圃,就是将在苗圃中培育至一定规格的苗木,从生长地挖起,用于绿化栽植。苗木出圃是育苗工作中的最后一个重要环节,该工作做得好坏,直接关系到苗圃的苗木产量和经济效益。

苗木出圃包括苗木调查、起苗、分级、统计、假植、包装运输等工作内容。这些工作做得好坏,不仅影响全年的育苗工作,而且影响到绿化质量。因此,要认真对待苗木出圃工作,少伤根系,护好苗根,严防失水。只有这样才能保证苗木质量,为绿化工作提供良好的物质基础。

一、花卉产品等级与出圃标准

1. 花卉产品等级

2000年11月16日,国家技术监督局发布了花卉系列的7个标准,从2001年4月1日开始实施。标准的标准号、标准名称及主要内容如下:

(1)GB/T18247.1《主要花卉产品等级第一部分:鲜切花》 第一部分规定了月季、唐菖蒲、香石竹、菊花、非洲菊、满天星、亚洲型百合、东方型百合、麝香百合、马蹄莲、火鹤、鹤望兰、肾蕨、银芽柳共14种主要鲜切花产品的一级品、二级品和三级品的质量等级指标。

(2)GB/T 18247.2《主要花卉产品等级第二部分：盆花》 第二部分规定了金鱼草、四季海棠、蒲包花、温室凤仙、矮牵牛、半支莲、四季报春、一串红、瓜叶菊、长春花、国兰、菊花、小菊、仙客来、大岩桐、四季米兰、山茶花、一品红、茉莉花、杜鹃花、大花君子兰共21种主要盆花产品的一级品、二级品和三级品的质量等级指标。

(3)GB/T18247.3《主要花卉产品等级第三部分：盆栽观叶植物》 第三部分规定了香龙血树(巴西木,三桩型)、香龙血树(巴西木,单桩型)、香龙血树(巴西木,自根型)、朱蕉、马拉巴栗(发财树,3～5辫型)、马拉巴栗(发财树,单株型)、绿巨人、白鹤芋、金皇后、银皇后、绿帝王(丛叶喜林芋)、红宝石、花叶芋、绿萝、美叶芋、大王黛粉叶、洒金榕(变叶木)、袖珍椰子、散尾葵、蒲葵、棕竹、南洋杉、孔雀竹芋、果子蔓共24种主要盆栽观叶植物产品的一级品、二级品和三级品的质量等级指标。

(4)GB/T18247.4《主要花卉产品等级第四部分：花卉种子》 第四部分规定了48种主要花卉种子产品的一级品、二级品和三级品的质量等级指标，及各级种子含水率的最高限和各级种子的每克粒数。

(5)GB/T18247.5《主要花卉产品等级第五部分：花卉种苗》 第五部分规定了香石竹、菊花、满天星、紫菀、火鹤、非洲菊、月季、一品红、草原龙胆、补血草共10种主要花卉种苗产品的一级品、二级品和三级品的质量等级指标。

(6)GB/T18247.6《主要花卉产品等级第六部分：花卉种球》 第六部分规定了亚洲型百合、东方型百合、铁炮百合、L-A百合、盆栽亚洲型百合、盆栽东方型百合、盆栽铁炮百合、郁金香、鸢尾、唐菖蒲、朱顶红、马蹄莲、小苍兰、花叶芋、喇叭水仙、风信子、番红花、银莲花、虎眼万年青、雄黄兰、立金花、蛇鞭菊、观音兰、细颈葱、花毛茛、夏雪滴花、全能花、中国水仙共28种主要花卉种球产品的一级品、二级品和三级品的质量等级指标。

(7)GB/T18247.7《主要花卉产品等级第七部分：草坪》 第七部

第七章 苗圃花卉的出圃

分规定了主要草坪种子等级标准、草坪草营养等级标准、草皮等级标准、草坪植生带等级标准、开放型绿地草坪等级标准、封闭型绿地草坪等级标准、水土保持草坪等级标准、公路草坪等级标准、飞机场跑道区等级标准、足球场草坪等级标准。

《花卉》系列国家标准中的每个标准不仅规定了产品的等级划分原则、控制指标，还规定了质量检测方法。

2. 出圃标准

(1)苗木树体健壮整齐 出圃的绿化苗木应是生长健壮、树形完整、骨架基础良好的优质苗木。因此，在幼苗培育期应做好树体和骨架基础的培育工作，养好树干、树冠，使之有优美的树形和强健的树势，这样在城市绿化中才能充分发挥其观赏价值和绿化效果。

(2)苗木无损伤 苗木出圃的根系应发育良好，起苗时不受机械损伤。根系的大小适中，可依不同苗木的种类和要求而异。一般出圃的各类裸根苗木的根系直径，以相当于苗木地径直径的15～20倍为宜。一般带土球出圃的常绿苗木，高度在1米以下的，土球的直径×高应为30厘米×20厘米左右；苗高为1～2米的，土球的直径×高应为40厘米×30厘米左右；苗高在2米以上的，土球的直径×高应为70厘米×60厘米左右。亦可依实际情况确定土球的大小。

(3)苗木无病虫害 出圃的苗木必须无病虫害，带有危害性极大或传染性病虫害的苗木必须严禁出圃，以防止苗木定植后生长不良、树势衰弱、树形不整等，或影响其他树木，从而影响绿化效果。

二、出圃前调查与起苗

1. 出圃前调查

调查时按树种或品种、育苗方法、苗木的种类、苗木年龄等分别进行苗木产量和质量的调查。调查结果能为苗木的出圃、分配和销售提供数据和质量依据,也为下一阶段合理调整、安排生产任务提供科学、准确的依据。通过苗木调查,可进一步掌握各种苗木生长发育状况,科学地总结育苗技术经验,找出成功或失败的原因,提高生产、管理、经营效益。

(1)**标准行法**　标准行法适用于移栽苗区、嫁接苗区、扦插苗区、条播苗区、点播苗区。方法是在需要调查区内,每隔一定行数(如5的倍数)选1行或1垄作标准行,全部标准行选好后,如苗木数过多,在标准行上随机取出一定长度的标准段,一般标准段长1米或20厘米,大苗可长一些,样本数量要符合统计抽样要求。在选定的地段上进行苗木质量指标和数量的调查,如苗高、根颈直径或胸径、冠幅、顶芽饱满程度、针叶树有无双干或多干等。然后计算调查地段的总长度,求出单位长度的产苗量,以此推算出每亩的产苗量和质量,进而推算出全区该苗木的产量和质量。

(2)**标准地法**　标准地法与标准行法的统计方法、步骤相似,本方法适用于苗床苗,以面积为标准计算。以1平方米为标准样方,在育苗地上随机抽取若干个样方,样方数量符合统计要求,数量多则结果更准确。统计每个样方上的苗木数量,测量每株苗木的高度和直径,记录在苗木调查统计表中。根据标准行法的统计方法,计算出全区该苗木的产量和质量。

2. 起苗

(1)**起苗时间**　起苗一般在苗木的休眠期进行。落叶树种从秋季落叶开始到翌年春季树汁液开始流动以前都可进行起苗。常绿树种除上述时间外,也可在雨季起苗。

春季起苗宜早,要在苗木开始萌动之前起苗。如樟树起苗时间应选择在樟树第二年新芽苞明显突出至芽苞片出现淡绿色之前,即11月中旬至次年3月份。如在芽苞开放后再起苗,会大大降低苗木成活率。秋季起苗应在苗木地上部停止生长后进行,此时根系正在生长,起苗后若能及时栽植,翌春能较早开始生长。春天起苗可减少假植程序。

(2) **起苗准备**　起苗前要对圃地浇水。因冬春季干旱,圃地土壤容易板结,起苗比较困难。最好在起苗前 4~5 天给圃地浇水,使苗木在圃内吸足肥水,有比较丰足的营养储备,保证苗木根系完整,增强苗木抵御干旱的能力。

(3) **起苗方法**　起苗深度要根据树种的根系分布规律来定,宜深不宜浅,过浅易伤根。若起出的苗根系少,易导致栽后成活率低或生长弱,所以应尽量减少伤根。远起远挖,如果树起苗一般从苗旁 20 厘米处深刨,苗木主侧根长度至少保持 20 厘米,注意不要损伤苗木皮层和芽眼。对于过长的主根和侧根,如不便掘起可以切断,切忌用手拢苗。

挖取苗木时要带土球。起苗时根部带上土球,土球的直径可为胸径的 6~12 倍,避免根部暴露在空气中,失去水分。珍贵树种或大树还要用草绳缠裹,以防土球散落,同时栽后应与土壤密接,以利于根系恢复吸收功能,提高苗木成活率。

三、分级与检疫

1. 分级

为了保证栽后林相整齐及长势均一,起苗后应立即在背风的地方对苗木进行分级,标记品种名称,严防混杂。苗木分级的原则是:必须品种纯正,砧木类型一致,地上部分枝条充实,芽体饱满,具有一定的高度和粗度。根系发达,须根多、断根少,无严重病虫害及机械损伤,嫁接口愈合良好。将分级后的各级苗木,分别按 20 株、50 株、100 株成捆,便于统计、出售、运输。

分级标准是以国家制定的苗木质量指标的标准为依据的,可分为一级苗、二级苗、三级苗和不合格苗。一级苗、二级苗达到出圃标准;三级苗为小苗,不够出圃标准,但通过移植能培育成好苗;不合格苗是指有病虫害、根过短过小、生长不良的小苗。

生产中分级常用苗高、地际直径、高径比、根系指标、根茎比等指标来评定，在实际应用中，也可以凭感观、经验来区分苗木的好坏。

苗高是自地际直径到顶芽基部的苗干长度，是最直观、最易测定的苗木指标。

播种苗、扦插苗的地际直径为苗干基部土痕处的粗度，嫁接苗为接口以上的干茎。

高径比是苗高与地际直径之比。它反映苗高与苗粗的关系。比值适宜的苗木生长匀称、质量好。高径比大的苗木细高，反之，苗木粗而矮，都不符合壮苗的条件。

根系指标包括根系长度、根幅、一级侧根数量等。

根茎比是根系(指耕作层之内的根系)鲜重与苗木地上部分鲜重之比。根茎比值大的苗木根系发达，苗木质量好。

2. 检疫

苗木检疫是为了防止为害苗木的各类病虫害、杂草随同苗木在销售和交流的过程中传播蔓延。因此，苗木在流通过程中，应进行检疫。运往外地的苗木，应按国家和地区的规定对重点病虫害进行检测，如发现本地区和国家规定的检疫对象，应停止调运并进行彻底消毒，不使本地区的病虫害扩散到其他地区。所谓"检疫对象"，是指国家规定的普遍或尚不普遍流行的危险性病虫及杂草。引进苗木的地区，还应将本地区没有的严重病虫害列入检疫对象。如发现本地区或国家规定的检疫对象，应立即进行消毒或销毁，以免病虫害扩散引起后患。

四、包装与运输

1. 包装

包装的目的是为了避免在搬运过程中碰伤苗木，防止苗木失水过多或苗根干燥,保证苗木质量。一般常用的包装材料有聚乙烯袋、聚乙烯编织袋、草包、蒲包等。

(1) **裸根苗的包装** 先将湿润物如苔藓、湿稻草等放在包装材料上,然后将苗木整齐地放在上面,并在苗木根间加些湿润物,再将苗木扎成捆,附上标签,注明树种、苗龄、苗木数量、等级及生产单位。此法适用于长距离运输。短途运输的苗木可散放在筐内,筐底放一层湿润物,堆放苗后再盖一层保湿物即可。为防止苗木失水,也可在包装前将苗木根系蘸上泥浆(俗称"打浆"),使根系形成湿润的保护层,能有效地保持苗木水分。

(2) **带土球苗的包装** 为防止土球在运输过程中碎散,减少根系水分的损失,挖出的土球要立即包装,即先用草绳横腰绕几圈捆住蒲包,每绕一圈草绳都要拉紧,使草绳一圈紧靠一圈。围腰草绳捆好后,在土球底部边缘挖一圈宽5~6厘米的水平底,以便打包时用草绳兜住底部。打包时应该两个人面对面地配合操作,草绳通过树木根部成一条直线,然后将草绳往下通过底部边缘再从对面绕上去,直到整个土球包住。

2. 运输

运苗时,应对所需要的树种、规格、数量等认真核对,确认无误之后再装车运输。装运裸根苗时,应使苗木的根向前,梢在后,并在后车厢处垫上草包或蒲包,以免磨损苗干。远距离运输时,要经常检查包内的温度和湿度,当温度高时要打开包装物通风散热,湿度不够时适当浇些水,运到目的地后要立即打开包装假植。也可用冷藏车运输裸根苗,但冷藏车运输费用较高。装运土球苗时,苗高在2米以下的可以直立放入车厢,苗高在2米以上的则应斜放,土球向前,树干朝后。土球要放稳、垫平、挤严,堆放层次不可太多。

五、假植与储藏

1. 假植

假植有临时假植和越冬假植2种。

临时假植是起苗后,不能及时出圃栽植,临时采取的保护苗木的措施。假植时间较短,可就近选择地势较高、土壤湿润的地方,挖一条浅沟。沟一侧用土培一斜坡,将苗木沿斜坡逐个码放,树干靠在斜坡上,把根系放在沟内,将根系埋土踏实,摆一层苗木填一层混沙土,忌整捆排放。假植好后浇透水,再培土。假植苗木均怕渍水、风干,应及时检查。

越冬假植是秋季苗木起苗后,来年春季才能出圃,需要经过一个冬季。应选择背风向阳、排水良好、土壤湿润的地方挖假植沟。沟的方向与当地冬季主风方向垂直,沟的深度一般是苗木高度的1/2左右,长度视苗木多少确定。沟的一端做成斜坡,将苗木靠在斜坡上,逐个码放。码一排苗木盖一层土,盖土深度一般达苗高的1/2~2/3处,至少要将根系全部埋入土内。盖土要实,疏松的地方要踩实、压紧。另外,如冬季风大时,要用草袋覆盖假植苗的地上部分。幼苗茎干易受冻,可在入冬前将茎干全部埋入土内。

2. 储藏

储藏是指在人工控制的环境中对苗木进行控制性储藏,可掌握出圃栽植时间。苗木储藏一般是低温储藏,温度为0~3℃,空气湿度为80%~90%,要有通气设备。一般在冷库、冷藏室、冰窖、地下室储藏。在条件好的场所,苗木可贮藏6个月左右。苗木储藏可为苗木的长期供应创造条件。

第八章 苗圃花卉的销售

苗圃的主要功能是生产各类花卉苗木,既是生产单位也是经营单位,因此在建设苗圃之前要考虑到投资,在运行的过程中还要考虑收益和市场因素,因此在保证苗木质量的前提下追求高的经济效益是苗圃生产的主要目标之一。

花卉苗木生产有季节性,产品也有季节性,要想方设法走多种经营的道路,例如花农结合、花果结合、花药结合、花畜结合、花旅结合等,创造多种经营方式。

一、常规销售

1. 加强市场体系建设,搞活市场流通

大力培育和扶持中介组织,支持花农建立联合体、专业合作组织等,壮大农民经纪人队伍,提高花农的组织化程度,促进产业发展。加强以批发市场、零售市场为基础的市场网络体系建设,加强花卉信息的开发和利用,加快建立与完善花卉供求及市场价格预测系统,疏通市场流通渠道,减少花卉生产的盲目性。加强产品包装、储藏、运输各环节的管理,促进配套产品的发展。

2. 采用适宜的营销模式和销售策略

苗圃生产出优质的苗木,只算成功了一小半,把它销售出去,在销售活动中创立了良好的信誉,这才算真正的成功。营销中不要跌入竞相杀价的陷阱,否则会造成同行业之间的无序恶性竞争,对行业和企业的发展均不利。营销中要做好苗木的售后服务、养护技术咨询工作,这是企业树立自身良好形象、获得口碑、赢得回头客的有效方法之一。

江苏武进的"经纪人＋农户"模式、"公司＋农户"模式就是十分成功的营销模式,使武进成为江苏四大花木基地之一;山东菏泽的牡丹在注册商标后销售,实行的是品牌销售策略;北京毛氏丹麦草公司靠免费试种打开了市场。万变不离其宗,"以质量求生存,靠信誉求发展"道出了营销的真谛。

3. 联合合作

(1) 同行业间的联合合作 同行业间要加强联合与合作,互通信息,调剂补缺;切磋技艺,共同进步。进行跨地区联合或强强合作,共同做大市场,有实力的苗圃应不失时机地进行低成本扩张。花卉苗圃之间除加强同行业的联合合作外,还可以利用自身资源优势,与行业外的企业联手开辟新天地。

(2) 与医院、工读学校、福利院联合,走园艺疗法之路 园艺疗法是指利用园艺进行治疗,是利用植物栽培与园艺操作活动,对有必要改善身体和精神状况的人们进行心理及身体诸方面的调整的一种有效方法,是在欧美、日本相继兴起的一种新疗法。有实力的花卉苗圃可通过与医院、工读学校、福利院等机构联合合作,为患者提供精神和心理方面的治疗。

(3) 与市政规划结合,走公益化之路 花卉苗圃多位于城郊,利用城市居民们热爱绿色、渴望回归大自然的心理,可在市政统一规划

第八章 苗圃花卉的销售

下,融生产绿地和公共绿地功能为一体,弥补城市公共绿地的不足。如开辟成植物园、特色旅游点、公园等,在充分发挥社会和生态效益的同时,获得经济效益(通过市政补贴和门票收入等方式)。如全国优秀旅游城市徐州的城市绿地系统规划中,就把城北的一个苗圃规划为公园。

(4)与专业学校、科研机构联合,走产学研一体化之路 走产学研一体化之路,联合专业学校、科研机构的技术优势,以及园林施工企业的施工优势,实现优势互补,实现三赢。

二、网络销售

苗圃现代化要有个良好的信息化管理平台。当今,以计算机多媒体技术、光纤和通信卫星技术为特征的信息化浪潮正在席卷全球,现代信息技术也应该向苗圃领域渗透,形成信息苗圃业。运用信息化平台,可以及时准确预报病虫害的发展期和发生量,做到及时防治;通过与全球农业科技信息网联网,掌握苗木需求信息、苗木动态、新品种等信息;从网上获得需要的科技信息,足不出户就能方便地咨询专家,大大促进了林业科技成果的转化;苗圃管理者可以在网上进行经验交流,发布苗木产品广告,也可以运用电子商务体系进行网上交易,苗圃信息平台的建立缩短了时间和空间的距离,最大限度地减少了信息资源的损耗,显示出巨大的社会效益和经济效益。

苗圃的信息化平台还体现在对苗圃工作者的培训和信息交流方面,利用多媒体技术,可以具体、生动、全面地展示农业科技知识。将苗木的整个生长过程制作成录像或电影,运用电教手段可以清楚地展示树木和农作物的栽培技术要领,可以使工作者在较短的时间内掌握苗木生长的知识。

第九章
各类苗圃花卉栽培实用技术

一、露地苗圃花卉

1. 草本露地苗圃花卉

(1) 矮牵牛

矮牵牛因其植株低矮,花似牵牛而得名。矮牵牛是茄科碧冬茄属的一年生或多年生草本花卉,是近年来流行的花坛佳品,是长江三角洲地区常见的花坛、盆栽花卉。

【原产地与生态习性】 矮牵牛原产于南美高原,喜阳光、喜温暖、忌雨涝、不耐寒、忌炎热。炎热天气时,矮牵牛生长、开花不良或整株死亡;阴凉天气时,矮牵牛花少叶茂;干燥温暖气时,矮牵牛花开繁茂。

图9-1 矮牵牛

【形态特征】 矮牵牛株高40~60厘米,叶卵形,较小,密被腺毛,植株呈灰色,花形漏斗状,花色多样,有红色、紫色、白色、复色等。矮牵牛的花期在4~10月,花期可达数月,如果平均温度控制在15~20℃,四季均可开花。

【品种分类】 矮牵牛的品种有:单瓣:常作花坛种植;重瓣:作盆

第九章 各类苗圃花卉栽培实用技术

花;藤本状:作吊盆。

【栽培管理】 矮牵牛春秋季多在室内盆播。温度20℃左右时,矮牵牛经7~10天萌发。在气温20~25℃时扦插繁殖容易生根。浇水始终遵循"不干不浇,浇则浇透"的原则。小苗生长前期应勤施薄肥,肥料选择氮、钾含量高,磷适当偏低的品种,氮肥可选择尿素,复合肥则选择氮磷钾比例为15:15:15或含氮、钾高的肥料,浓度控制在0.1%~0.2%,在夏季需摘心一次。矮牵牛较耐修剪,如果第一次修剪失败,可以再修剪一次,之后通过换盆、勤施薄肥,一般不影响质量,仍可出售。

华东地区春节、元旦开花的控花栽培技术:

①育苗。

播种:9月中旬至10月上旬播种。出芽适宜温度为21~25℃,4~5天发芽,发芽后生长适温为13~18℃。采用细小种子播种时,种子:干沙=1:10,采用浸水法给水。加薄膜或玻璃,至长出一片真叶时去薄膜。华东地区9月中旬至10月上旬,天气仍炎热,育苗环境应具防雨通风、凉爽、有光照等条件。长至2~4片真叶时分栽1~2次,有利于根系发育。

扦插:大花种,重瓣种用,气温为20℃时1周可生根。

②栽培技术。

定植:应于开花前的70~80天定植。

光照:阳光充足、全日照,荫蔽处不利于植株生长。

浇水:矮牵牛喜微潮偏干环境,浇水过多对根系发育不利。

温度:以12~20℃为宜,超过25℃时应降温。

③管理技术。转盆1次/周,转180°,防偏冠,植株向光性偏移的高度在6厘米左右时摘心一次,待分枝长6厘米左右再摘心一次。摘心过程中要调整株形,强弱枝分别对待,强枝多、弱枝少。

【花期控制】 矮牵牛定植期以控制为主,修剪可控制后期花期,使之延迟。环境条件对修剪后至开花的时间有很大影响,高温强光期时间为半个月,低温时间为25～35天对延长花期较为有利。

【应用】 矮牵牛可作盆花或用于布置花坛、花境。

(2)万寿菊与孔雀草

图9-2 万寿菊

图9-3 孔雀草

【科属】 万寿菊与孔雀草属于菊科万寿菊属。

【形态特征】 万寿菊与孔雀草的形态特征:叶对生,羽状分裂,具腺点(故有香味,可提取香精);头状花序花色多,头状花序花色有红、橙、紫、复色(边黄、内紫),花有单瓣式、重瓣式。

【品种分类】 万寿菊与孔雀草的商业品种来源有:

①万寿菊 T. erecta 非洲型:大花,常为重瓣式、管状花、花序球形。

②孔雀草 T. patula 法国型:花小,常为单瓣式、舌状花、花序半球形。

③T. erecta × T. patula 近于法国型。

根据株高又可将万寿菊与孔雀草分为矮型、中型、高型。

【栽培管理】 万寿菊与孔雀草一年四季均可种植,但在高温高湿的夏季生长不良。

国庆节开花的控花和栽培管理技术:

①育苗。育苗以播种繁殖为主,一般7月上旬播种,种子经5～8天发芽,苗高5～10厘米时移栽一次,株间距约为20厘米×20厘米。

②栽培。

定植:万寿菊与孔雀草对土壤的要求不高,一般于开花前60～70

天定植,6厘米左右高时摘心一次,以促发分枝,从而增加开花数量;摘心后2~3天腋芽即萌动伸长,1周后可伸长至5~6厘米。

施肥:万寿菊与孔雀草不耐大肥,故只需过磷酸钙作基肥,在生长旺盛期隔半月追施一次稀薄液肥。

光照:栽培万寿菊与孔雀草要求阳光要充足,最好全日照,至少4小时阳光直射一次。

温度:万寿菊与孔雀草喜高温、忌寒冷,适宜生长温度为20~24℃,高温不超过35℃时都可正常生长。

开花:万寿菊与孔雀草单朵花的最佳观赏期为7~12天,整株为15~18天。

【花期控制】 万寿菊与孔雀草的花期控制以调整定植期最为常用,由于花期长、自然分枝多,采用修剪控花比较少,可作摘心处理。

【应用】 万寿菊是应用最广的草花之一。在数量上,个体应用很多。在形式上,用途广泛,盆花、花坛、花境、丛植成片或单株点缀均可应用。

(3)金鱼草

【科属】 金鱼草属玄参科金鱼草属。

【原产地与生态习性】 金鱼草原产于地中海地区,喜冷凉环境,但又不很耐寒,是典型的长日照植物、阳性植物,自然花期在5~7月。

【形态特征】 金鱼草属于草本植物;单叶,总状花序顶生,由下而上逐渐开放,花合瓣,分上下两唇,外形似金鱼,花色多样。

图9-4 金鱼草

【品种分类】 金鱼草可分为:高型:植株高90~120厘米;中型:植株高45~60厘米;矮型:植株高15~28厘米。

【栽培管理】

育苗:8月下旬至9月上旬播种——移栽——定植(经80~90天)——开花。小苗5厘米高时,应适当控水,进行蹲苗,保证根系生长更为繁茂,为金鱼草进一步生长、开花打基础。

温度:温度控制在 0~30℃,生长适宜温度为 12~20℃。

阳光:金鱼草需充足的光照,故适宜作露地栽培。

修剪:小苗高 4~6 厘米时摘心一次,以促发分枝,盆栽品种则应多次摘心,切花品种须摘心一次。

【花期控制】 金鱼草的花期控制以修剪控花为主。植株成型后,摘心可以使花期延迟,一般最后一次摘心距离开花的时间为 20~30 天。浇水勿沾花,无需追肥,阳光充足有利于花色素的形成,保证花色艳丽。

【应用】 金鱼草可用作切花、盆花或布置花坛、花镜。

(4)一串红

【科属】 一串红唇形科鼠尾草属。

【原产地与生态习性】 一串红原产于巴西热带高原地区,不耐寒,生存温度为 14~30℃,最适温度为 24℃;一串红为短日照植物,在 8 小时光照下约 57 天开花,16 小时长日照下约 82 天开花。

图 9-5 一串红

【形态特征】 一串红为多年生草本植物,方茎;叶对生,卵圆形;总花序状;花冠唇形,花冠筒伸出弯管外,呈鲜红色。

【品种分类】 可将一串红按颜色分为一串红、一串白、一串紫、一串粉;按高度又可分为矮型、中型、高型。

【栽培管理】 元旦、春节开花的控花栽培技术:

繁殖:一串红用种子育苗和扦插均可进行繁殖。种子应为优良的 F1 代杂交种,扦插的插穗应来自 F1 代的优良母株。

播种:如果计划元旦用花则应在 9 月上中旬播种,此时天气仍炎热,播种场所应选在遮阴棚内的通风、凉爽处,如有温室则更好。春节用花应在 9 月下旬播种。

扦插:8~10 月扦插均可,在防雨、遮阴、通风、凉爽处扦插,枝条经7～10天发根,2周后上育苗盆,25天后定植。

【苗期管理】 扦插苗成活后1个月便可开花,但花序质量差,应多次摘心,以促发侧枝,保证株形丰满,对不同长势的枝条,打顶的轻重不同,弱则轻剪,壮则重剪。

【花期控制】 打顶后大约25天即可开花,根据这一特点,可以基本确定控花措施。

【应用】 一串红的应用极其广泛,是节日和平时美化环境的重要花材。

(5)鸡冠花

【形态特征】 鸡冠花为一年生草本植物,株高40～100厘米,茎红色或青白色,茎直立粗壮,叶互生,长卵形或卵状披针形,叶有深红、翠绿、黄绿、红绿等多种颜色;花序顶生及腋生,扁平鸡冠形,花色丰富,有紫色、橙黄、白色、红黄相间

图9-6 鸡冠花

等;种子细小,呈紫黑色,藏于花冠绒毛内。鸡冠花植株有高型、中型、矮型3种,矮型的只有30厘米高,高的可达2米,花期较长,可从7月开到12月。

【生态习性】 鸡冠花在生长期喜高温、全光照且空气干燥的环境,较耐旱不耐寒,不耐涝,但对土壤要求不严,一般土壤庭院都能种植,自然花期从夏、秋至霜降。

【品种分类】 鸡冠花的品种因花序形态不同,可分为扫帚鸡冠、面鸡冠、鸳鸯鸡冠、璎珞鸡冠等。根据花型又分为球状花型、羽状花型、矛状花型等。

【繁殖方法】 鸡冠花一般选在4～5月进行繁殖,可用播种繁殖,以气温在20～25℃时播种为好。播种前,可在苗床中施一些饼肥或厩肥、堆肥作基肥。播种时应在种子中和入一些细土进行撒播,因鸡冠花种子细小,覆土2～3毫米即可,不宜深。播种前要使苗床中

的土壤保持湿润,播种后可用细眼喷壶稍许喷些水,再给苗床遮阴,两周内不要浇水。一般种子经7~10天可出苗。

【栽培管理】 鸡冠花的生长适温为10~30℃,待苗长出3~4片真叶时可间苗一次,拔除一些弱苗、过密苗,待苗高5~6厘米时即应带根部土移栽定植。移植要小心,不可折断直根。栽培土质要选择排水良好的培养土。鸡冠花耐热,需充分日照,花坛种植时保持株距15厘米左右。苗期、生育期均需施用营养肥料,如有机肥、复合肥等。

【应用】 鸡冠花因其花序红色、扁平状,形似鸡冠而得名,享有"花中之禽"的美誉,是园林中著名的露地草本花卉之一。其花序顶生、显著,形状色彩多样,鲜艳明快,有较高的观赏价值,是重要的花坛花卉。高型品种除用于花境、花坛外,还是很好的切花材料,切花瓶插能保持10天以上,也可制干花,经久不凋,矮型品种适合盆栽或做边缘种植。鸡冠花对二氧化硫、氯化氢具有良好的抗性,可起到绿化、美化和净化环境的多重作用,适宜作厂、矿绿化用,是一种大众观赏花卉。

(6)波斯菊

【别名】 波斯菊又名大波斯菊、秋英、扫帚梅。

【科属】 波斯菊属菊科,秋英属。

【原产地及分布】 波斯菊原产墨西哥。目前在我国广泛栽培。

【形态特征】 波斯菊为一年生草本植物;

图9-7 波斯菊

株高1~2米,茎直立,分枝疏散,株形开张;叶对生,二回羽状全裂,裂片线形,较稀疏;头状花序顶生或腋生,径6~8厘米,有长总梗;总苞片2列,膜质;舌状花1轮,8枚,呈现粉红色、白色或玫瑰红色;筒状花黄色;瘦果线形,花期、果熟期均在7~11月。

【生态习性】 波斯菊喜温暖湿润的气候,不耐寒、忌暑热、喜光、稍耐阴,耐干旱;在瘠薄的土壤,能大量自播繁衍。

【繁殖方法】 波斯菊主要采取在春季播种育苗,也可在初夏播种育苗。波斯菊生长期注意控制水、肥用量。

【栽培管理】 波斯菊的幼苗生长很快,应及时间苗、定植,株距应保持在50厘米左右。苗期注意控制水肥,以防徒长倒伏。生长期可摘心1~2次或修剪枝叶,促使幼苗矮化、分枝,增加着花数量。瘦果陆续成熟,呈放射状展开时即可采收。

【应用】 波斯菊可配植花丛、花群、地被,用作花境背景或在宅旁散植,也可作切花。

(7)凤仙花

【别名】 凤仙花又名指甲花、小桃红、金凤花、透骨草。

【科属】 凤仙花属凤仙花科,凤仙花属。

【原产地及分布】 凤仙花原产印度、马来西亚和我国。目前在我国各地广泛栽培。

图9-8 凤仙花

【形态特征】 凤仙花为一年生草本植物;植物高30~80厘米,茎肉质,浅绿或红褐色,节部膨大;叶互生,宽披针形,叶柄有腺体;花单朵或数朵腋生,或呈总状花序状;萼片3枚,绿色,下方1枚具后伸之距,花瓣状;花瓣5枚,旗瓣有圆形凹头,翼瓣舟形,基部延伸成一内弯的细距;蒴果呈纺锤形,熟时果皮瓣裂向上翻卷,种子弹落。凤仙花的花期在6~8月,果熟期在7~8月。

【品种分类】 凤仙花的分类:按花型可分为单瓣、复瓣、重瓣、蔷薇型、茶花型等栽培类型;按株型可分为分枝上伸、开展、水平、龙爪状、向下成拱形等类型;按高矮分型有高茎和矮茎,高茎株高达1.5米,矮茎株高仅20~30厘米。

【生态习性】 凤仙花性强健、喜温暖、耐炎热、喜阳、畏寒冷;对土壤要求不严,喜湿润;生长于排水好的土壤,能自播繁衍。

【繁殖方法】 凤仙花一般选在3~4月播种育苗,发芽迅速而整齐。

【栽培管理】 凤仙花幼苗生长迅速,间苗、移植须及时,可于4~5枚真叶时直接定植,株距保持在30厘米左右。移栽10天以后,就可开始施1次液肥,以后每周施1次。对分枝多而直立的品种,可摘心以扩大株丛。蒴果成熟后易开裂,应在蒴果大量成熟时于清晨采收。

【应用】 凤仙花是我国民间栽培已久的花卉。凤仙花的花期长,花色丰富,栽培容易,是花坛、花境、空隙地常用的美化材料。矮茎类型也可作盆栽观赏。

(8)金盏菊

【别名】 金盏菊又名金盏花、黄金盏、长春菊、长生菊

【科属】 金盏菊属菊科,金盏花属。

【原产地及分布】 金盏菊原产地中海至伊朗一带,目前在我国广泛栽培。

图9-9 金盏菊

【形态特征】 金盏菊为一、二年生草本植物,全株有白色茸毛;叶互生,长圆形或长圆状倒卵形。基生叶有柄,茎生叶基部抱茎;头状花序顶生,圆盘形,径4~10厘米,舌状花平展,黄色或橘红色,结实;筒状花黄色,不结实。瘦果,两端内弯呈舟形。金盏菊的花期在3~6月,果熟期在5~7月。

【栽培管理】 金盏菊幼苗生长迅速,待幼苗长出3~4枚真叶时移植,成活后应及时追肥。待幼苗长出约7~8枚真叶时定植。在金盏菊的生长期应及时松土、除草,并追施薄肥2~3次,在盛花期后应分批采收果序。

【应用】 金盏菊可作为布置春季花坛、花境的花卉,也可作切花或盆花。

(9)羽衣甘蓝

【别名】 羽衣甘蓝又名叶牡丹、花苞菜。

【科属】 羽衣甘蓝属十字花科、芸薹属。

【原产地与生态习性】 羽衣甘蓝原产西欧,目前在我国各地都有栽培。羽衣甘蓝耐寒,喜光,喜凉爽湿润的气候;能在富含有机质、疏松、湿润、排水良好的土壤中生长。

图9-10 羽衣甘蓝

【形态特征】 羽衣甘蓝为二年生草本植物,羽衣甘蓝的叶呈倒卵形,宽大而肥厚,叶面皱缩,被有蜡粉,叶缘细波状皱折;总花梗从叶丛中央抽出,高1米左右,上部着生总状花序,小花数10朵,淡黄色;花萼4枚,花瓣4枚;长角果细圆条形,有喙。羽衣甘蓝的观叶期为11月至翌年2月,采种期为翌年5~6月。

【品种分类】 羽衣甘蓝为甘蓝的变种,有赤紫叶、黄绿叶、绿叶等栽培类型。

【栽培管理】 羽衣甘蓝常选在7~8月播种育苗,播后覆土以盖没种子为度。待苗长出3~4枚真叶时移植,苗的冠径约20厘米时定植。一般翌春3~4月可抽薹开花。

【应用】 羽衣甘蓝是冬季露地最重要的观叶花卉,在长江流域及其以南地区较受欢迎,多用于布置冬季花坛、花台,也可作盆栽观赏或用作装饰。

(10)石竹

【别名】 石竹又名草石竹、竹节花。

【科属】 石竹属石竹科,石竹属。

【原产地及分布】 石竹原产我国及日本、欧洲等地。目前在我国东北、华南、西北和长江流域各地广泛分布。

【形态特征】 石竹为多年生草本植物,作二年生栽培;植株高30~40厘米,茎簇生,直立,有分枝;叶对生,线状披针形,基部抱茎,中脉明显;花单生或数朵组成圆锥伞花序;花瓣5枚,先端有锯齿,呈红、紫、粉、白及复色;果实圆形,种子黑色,扁圆形。石竹的花期在4~9月,果熟期在5~9月。

图9-11 石 竹

【品种分类】 石竹的主要品种有变种锦团石竹、羽瓣石竹、矮石竹等。变种锦团石竹花径为5~6厘米,色彩丰富艳丽,有重瓣类型。羽瓣石竹花瓣先端有明显细齿裂。

【生态习性】 石竹耐寒、喜凉爽、忌炎热,适宜栽种在向阳通风、疏松肥沃的石灰质土上,不宜栽种在黏土上。

【繁殖方法】 石竹一般选用秋播育苗繁殖,优良品种可扦插繁殖和分株繁殖。

【栽培管理】 石竹播种前要进行土壤消毒,并保证栽种的土壤排水畅通、栽种环境通风透光,可在土壤上施少量的草木灰。幼苗具4~5枚真叶时移植,苗高10厘米以上时定植,使株距保持在30厘米左右。石竹的果成熟时应及时采收。

【应用】 石竹的植株紧密,高矮一致,花色艳丽,花期整齐,是布置花坛、花境或岩石园的好材料。矮生类型的石竹宜作花坛镶边,也可作盆栽。同属花卉有:须苞石竹、石竹梅、常夏石竹、瞿麦等。

(11)菊花

【生态习性】 菊花耐寒性强,宿根能耐-30℃左右的低温;浅根性植物,根系分布在20~30厘米深的表层土壤中,宜生长于偏酸性的壤土上;怕积水,喜光和凉爽气候;忌重茬,连作易发生病虫害和营养不良。

【生物学特性】

脚芽：开花后从植株基部长出的幼芽，即冬芽，多在晚秋或初冬发生，一般节间不能伸长而呈莲座状。

莲座化：冬芽即使在适当的生育条件下，也不能正常伸长或生长缓慢，处于不完全停滞状态。

图9-12 菊 花

解除和防止莲座化：5℃以下低温处理3周或250千克/升6-BA、1000千克/升乙烯或150千克/升乙烯＋50千克/升GA3可诱导解除休眠；7～9月保持凉温，生产中多采用冷藏插穗的方法（冷藏期60天左右）。9～10月扦插生根后移入1～3℃冷库放置40天左右，也可防止莲座化。

【品种分类】

①依自然花期分类。

夏菊：花期6月至9月，中性日照，10℃左右花芽分化。

秋菊：花期10月至中旬11月下旬，短日照，15℃以上发芽分化。

寒菊：花期12月翌至年1月，短日照，15℃以上发芽分化，高于25℃发芽分化缓慢，花蕾生长、开花受抑制。

四季菊：四季花开，中性日照，对温度要求不严。

②依形态分类。

按形态形分为平瓣、匙瓣、管瓣、桂瓣、畸瓣。

③依花型分类。

单轮：平瓣1～1.5轮。

莲座：平瓣、匙瓣多轮，抱合成半球形。

莲舞：匙瓣内抱，外轮放射状下垂如飘带。

射线型：粗细不同的直伸管瓣，像松针状强直辐射。

飞舞型：管瓣为主间有匙瓣，外部长瓣飘洒，若飞若舞。

垂帘型：细管瓣修长下垂，稍内曲或带钩带珠。

球型:内曲平瓣或内曲匙瓣,内外长度一致,向心合抱成球。

托桂型:周围1~3轮,平瓣、匙瓣、管瓣,中央密集桂花型管瓣。

④依整枝方式和应用分类。

独本菊(标本菊):一株一茎一花。

立菊:一株数花。

大立菊:一株数百至数千朵花。

悬崖菊:整个植株体成悬垂式。

嫁接菊:在一株主干上嫁接各色菊花。

案头菊:植株低矮(20厘米左右),花朵硕大。

菊艺盆景:由菊花制作的桩景。

切菊花:菊花中适合作切花的种类。

露地栽培观赏菊:早菊、地被菊。

【繁殖方法】 以扦插繁殖为主。

【栽培管理】

①以切花菊为例,切花菊品种的选择要从以下几方面考虑。

切花的形态:花朵从大小、多少、色泽、花开放程度、新鲜度等方面进行考虑;叶片不能有病虫害、农药污染、损伤、萎蔫;茎粗壮不能弯曲,能支撑叶片和花朵;切花的协调性:切花的协调性包括花、茎、叶的大小比例平衡情况,花枝的长度等。

②以秋菊为例,秋菊的自然花期为10月中下旬至11月上中旬,可露地栽培。

种株的保存:11月中下旬假植于阳畦越冬,根要覆盖严实。

扦插繁殖:3月下旬定植母株,4月中下旬至5月下旬适合扦插。

定植:5月中下旬至6月初,作多头栽培的菊花在缓苗后应及时摘心,独头栽培的菊花注意拉设花网。

整枝:菊花摘心后,侧枝上萌发的侧芽也要及时摘除。剥除侧蕾,多头栽培时,应除去中央的主蕾,以保证花头丰满整齐。

施肥:菊花生长初期,以施氮素为主;花芽分化阶段,增施磷、钾肥,同时可进行叶面施肥。

(12)唐菖蒲

【科属】 唐菖蒲为鸢尾科,唐菖蒲属。

【别名】 唐菖蒲又名十三太保,剑兰。

【原产地及分布】 唐菖蒲原产地中海和南非,经长期杂交育种选育形成了一个庞大的品种体系。全世界有10000多个品种,中国引种100多个,各地均有栽培。

【形态特征】 唐菖蒲的叶呈剑形,两列密生于茎基;花序呈穗状,有12~24朵花,分两列,花色丰富。

【生态习性】 唐菖蒲喜温暖,最适生长温度:昼温为20~25℃,夜温为10~15℃,日平均气温为5℃时萌芽,萌芽后70~100天开花,华东地区可露地栽培。发芽前,顶芽有鞘叶9~12片、本叶4片;植株的生长过程中,外表上仅2片叶伸出时,内部实际已经形成7~8片本叶,此时花芽分化,新球也开始膨大。腋芽伸长形成木子。

图9-13 唐菖蒲

【球茎休眠与打破】 唐菖蒲的球茎成熟后约有3个月休眠期。低温处理可打破球茎的休眠。高温过夏也可以打破球茎的休眠。

【繁殖方法】 唐菖蒲一般用子球进行繁殖;用播种法进行杂交育种。

【栽培管理】

唐菖蒲的球茎选择:唐菖蒲培育选择的球茎以周径12厘米左右为宜,大球休眠深,不利发育,球太小,花品质不好。选地:栽种唐菖蒲应选择沙质壤土,以保证壤土的疏水性好,不积水。施肥:唐菖蒲是浅根作物,宜浅施;可施土杂肥20千克/公顷、饼肥2千克/公顷作基肥;在二叶期(花芽分化后)追肥;吐穗、前期施肥以氮肥为主,中期重施一次钾肥,后期控制氮肥的施入。种植规格:唐菖蒲的种植规格因球茎大小不同而异,播种密度为 60～100 球/米²。收花:花序中第一朵花初开时为唐菖蒲的适收期,收花时留绿叶 3 片,收花后40～60 天收球,去除母球,将新球、子球分开收获、储藏。

【花期控制】 唐菖蒲以品种的生育期差异来构建周年生产体系:早花品种生育期为 50～60 天;中熟品种生育期为 65～80 天;晚熟品种生育期为 80～120 天。唐菖蒲的定植日期可用倒数法确定。唐菖蒲为长日照植物,遮光 10～12 小时可延迟其开花,但仅延迟 1 周。

【应用】 唐菖蒲可用作切花或应用于花境。

2. 木本露地苗圃花卉

(1)月季

【别名】 月季又名蔷薇花、玫瑰花。

【科属】 月季属蔷薇科,蔷薇属。

【原产地及分布】 月季的原产地广泛分布在北半球寒温带至亚热带,主要是亚洲、欧洲、北美及北非。现代月季栽培已遍及全世界。

图9-14 月 季

【形态特征】 月季是有刺灌木或呈蔓状、攀援状植物;叶互生,奇数羽状复叶,小叶 3～5 枚,卵形或椭圆形,新生叶片常为古铜色;花单生或簇生,花瓣 5 枚或重瓣,花瓣呈红色或粉红色,少数呈白色,倒卵形,气味芳香;蔷薇果有红、黄、橙红、紫黑等色,卵球型或梨型,长 1～2 厘米。花期在 4～10 月,果熟期在6～11月。

【品种分类】 按照亲缘关系和来源将月季分为自然种月季、古典月季、现代月季;按照生长形态可分为灌丛月季系、藤蔓月季系及其他类型。

【生态习性】 多数品种的月季生长适温为昼温 20～28℃、夜温

16℃;月季多喜有机质含量丰富、排水良好、保水保肥力强的土壤,忌土壤板结与排水不良;对土壤酸碱度要求不严,但以 pH 6.5 最好。

【繁殖方法】

播种:月季的种子需要经过冷藏后才可发芽。种子采收后可进行层积处理或人工冷藏,一般在 4℃ 条件下冷藏 18~21 天,然后播于沙床或人工配置的基质中,待有 3~4 片真叶萌发时即可移栽。

扦插:扦插常年都可进行,但在 5~6 月进行扦插最合适。插穗取当年生月季的嫩枝,要求长度约 8 厘米,含有 2~3 个芽,保留 1~2 片叶子。将插穗用生根剂处理后,扦插于沙床中,通常 2 个月左右即可生根。

嫁接:月季的嫁接一般使用芽接或枝接的方法。芽接具节省接穗、操作快等特点,一般采用"T"型芽接的方法;枝接一般在早春月季种子萌芽之前或 5~6 月间进行,选用当年生新梢作为接穗(一个接穗通常有一个芽),选用一年生实生苗作为砧木,约 28 天嫁接的伤口即可愈合。

压条:月季中枝繁而长的品种或生根较难的品种适合压条。

【栽培管理】 月季种植过程中要保证水肥的供应,浇水的频率与水量应视土壤的干湿情况而定。月季在一年当中可以多次开花,其营养供应要充足。除了施基肥以外,每次花期后需要进行追肥,去除残花。月季的整形修剪一般在冬季休眠期进行,主要以疏除枯枝和病虫枝为主,如有长势衰弱的情况可以适度重剪,以利于枝条的更新。

【应用】 攀援性和蔓生性的月季品种多用于棚架;聚花及微型类月季适用于花境与花坛;直立灌木型月季适于广泛种植;月季也可提取香精、入药、作切花。

(2)牡丹

【别名】 牡丹又名鹿韭、白术、木芍药、百两金、洛阳花、富贵花。

【科属】 牡丹属芍药科芍药属。

【原产地与分布】 牡丹原产我国,原产地分布在陕西、甘肃、河南、山西等省海拔 800~1200 米的高山地带。现代牡丹栽培已遍及全国。

【形态特征】 牡丹为落叶灌木,高可

图 9-15 牡 丹

达 2 米,分枝少;叶互生,大型二回三出复叶;花单生枝顶;苞片 5 枚,萼片 5 枚,均绿色;蓇葖果密生黄色硬毛,种子黑褐色;花期一般在 4~5 月,具体时间随气温高低而变动。

【品种分类】 按照花型和花色将牡丹分为单瓣类、重瓣类、楼子类、台阁类。

【生态习性】 对于牡丹的习性,有"宜冷畏热,喜燥恶湿,栽高敞向阳而性舒"的说法,这基本概括了牡丹的特点。

【繁殖方法】

分株:分株繁殖是牡丹繁殖最常用的方法,简便易行,但繁殖率低。牡丹一般在秋季落叶后进行分株,民间有"春分分牡丹,到老不开花"的农谚。

嫁接:牡丹嫁接采用劈接法或嵌接法进行,多在 9 月下旬至 10 月上旬完成嫁接。

扦插:在用生长激素处理牡丹的嫩枝后进行扦插,嫩枝的生根率可达 80% 以上。

【栽培管理】 牡丹耐旱忌水,宜栽植于土层深厚、疏松肥沃、排水良好的土壤中。牡丹为阳性花卉,喜肥,栽培前应施足底肥,底肥主要以有机肥为主。修剪的主要目的是要去除枯枝、病虫枝,改善植株的通风透光条件,以保证养分集中,保持植株的美观。

【应用】 牡丹可孤植、丛植、片植;可建立专类牡丹园或用作布置花境;亦可种植在树丛、草坪边缘或假山之上;也可作盆栽、切花;牡丹的根皮可入药,花瓣可蒸酒。

(3)杜鹃

【别名】 杜鹃又名映山红、山石榴、山踯躅、红踯躅、山鹃。

【科属】 杜鹃属杜鹃花科杜鹃花属。

【形态特征】 杜鹃树为落叶或半常绿灌木,高达3米。小枝密被棕褐色糙毛;叶二型;春叶纸质,先端急尖,基部楔形;夏叶小,通常倒披针形;花2~6朵簇生枝顶;花梗密被糙毛;花冠鲜红或深红色,宽漏斗形,花丝中部以下有柔毛;蒴果卵圆形,有糙毛;花期在4~5月,果熟期在9~10月。

图9-16 杜 鹃

【品种分类】 根据形态特征和亲本来源,可将杜鹃分为冬鹃、毛鹃、西鹃、夏鹃。

【生态习性】 杜鹃喜光,但不耐曝晒,稍耐阴,喜温暖湿润的气候,耐干旱;喜肥沃排水良好的酸性土壤,pH 5.5~6.5为宜。

【繁殖方法】

播种:杜鹃一般在5~6月进行播种,常绿杜鹃花最好随采随播,落叶杜娟花可将种子储藏后于翌年春季播种。

扦插:杜鹃扦插宜选用嫩枝或半成熟枝条,插于沙质或其他湿润且排水良好的基质中,使用生根剂浸泡处理后可以提高枝条的生根率;嫁接常用嫩枝劈接,成活率较高,可达90%以上。

【栽培管理】 杜鹃适宜在肥沃、疏松、排水良好的酸性土壤中生长,忌碱性和黏重土壤;喜湿润,但不耐积水,栽培过程中控制好水分;施肥时要掌握少量多次的原则,做到薄肥勤施,多用饼肥和粪肥,少用化学肥料;小苗期以摘

图9-17 桂花

心为主,成型植株去除基部萌发的枝条和枝干上的徒长枝为主,同时剪除病虫枝、枯枝。

【应用】 杜鹃可丛植亦可盆栽,也可组成花篱绿障和铺地植物;可建杜鹃花专类园;杜鹃具食用、药用价值;有些杜鹃品种的树皮、树叶可提取栲胶;杜鹃的木材可制成工艺品。

(4)桂花

【别名】 桂花又名木樨、岩桂。

【科属】 桂花属木樨科,木樨属。

【原产地及分布】 桂花原产于我国西南部,目前在我国长江流域广泛栽培。

【形态特征】 桂花树为常绿小乔木或灌木,高可达12米,树皮灰色,不裂;单叶对生,革质,叶长椭圆形,先端尖,基部楔形,全缘或上半部有锯齿;花簇生叶腋或聚散状,花小,黄白色,香味浓郁;核果椭圆形,黑色。桂花的花期在9～10月。

【品种分类】 桂花的主要品种有:丹桂,花橙红色,香味较淡;金桂,花黄色至深黄色,香味较浓;银桂,花冠白色,香味较浓;四季桂,花白色或黄色,花期在5～9月,可连续开花数次,香味较淡。

【生态习性】 桂花喜光,稍耐阴,喜温暖通风的环境,忌水湿;喜微酸性、肥沃的沙质壤土,忌碱性土壤。

【繁殖方法】

嫁接:桂花嫁接常用靠接和切接的方法,嫁接1个月左右伤口可以愈合。

压条:桂花在3～5月和7～8月均可进行压条,伤口在90天后可以生根。

扦插:桂花扦插在6～8月进行,插穗经生根剂处理后可以很快生根。

【栽培管理】 桂花栽培宜在春季进行,初植后保持土壤湿润,成活之后可适时浇水,忌积水过多。桂花具有二次开花的习性,花前追肥十分必要,可以保证树体营养供应。桂花自然树形优美,无需过多修剪造型,只需去除过于密集的细弱枝条,及时剪去枯枝和病虫枝。桂花栽培过程中主要受到蚧壳虫和红蜘蛛的危害。

【应用】 桂花树形圆整,四季常绿,花期在中秋时节,花香浓郁,是园林中常用的传统木本名花。桂花多对植于庭前,有"富贵"之寓意。在园林中可散植、列植、成片种植或建专类园。

(5)栀子花

【科属】 栀子属茜草科栀子属。

【原产地及分布】 栀子花原产我国,目前我国大部分地区有栽培,主要集中在华东、西南、中南多数地区。

【形态特征】 栀子植株大多比较低矮,高1～2米,干灰色,小枝绿色。单叶对生或主枝三叶轮生,叶片呈倒卵状长椭圆形,有短柄,长5～14厘米,顶端渐尖,稍钝头,叶片革质,表面翠绿有光泽,仅下面脉腋内簇生短毛,托叶鞘状;花单生枝顶或叶腋,有短梗,白色,大而芳香,花冠高脚碟状,一般呈六瓣,有重瓣品种(大花栀子),花萼裂片倒卵形至倒披针形伸展;浆果卵状至长椭圆状,种子多而扁平,嵌生于肉质胎座上。栀子花期较长,从5～6月连续开花至8月,果熟期为10月。

图9-18 栀子花

【品种分类】 品种很多,常见的栽培品种为:

大叶栀子:也称大花栀子,栽培变种,叶大、花大而富浓香、重瓣,不结果。

雀舌栀子:又名小花栀子、雀舌花。植株矮生平卧,叶小狭长,倒披针形。花亦较小,有浓香,花重瓣。

小叶栀子:常绿灌木,植株矮小,枝条平展,叶狭长、倒披针形,对生或三叶轮生,托叶膜质鞘状,花较小单生于叶腋或枝顶,花萼筒有棱,花冠高脚碟状,白色、重瓣,芳香;果卵形。

【生态习性】 栀子喜温暖、湿润、光照充足且通风良好的环境,但忌强光暴晒,适宜在稍庇荫处生活,耐半阴,怕积水,较耐寒,宜用疏松肥沃、排水良好的轻黏性酸性土壤种植,是典型的酸性花卉。

【繁殖方法】

扦插:栀子的扦插可分为春插和秋插。春插于2月中下旬进行;秋插于9月下旬至10月下旬进行,北方和南方稍有区别,但多以夏秋之间成活率最高。插穗选用生长健康的2～3年生枝条,截取10～12厘米,剪去下部叶片,顶上两片叶子可保留并各剪去一半,斜插于插床中,上面只留一节,注意遮阴和保持一定湿度。一般1个月可生根,在相对湿度为80%左右、温度为20～24℃的条件下约15天即可生根。若用20～50毫克/升吲哚丁酸浸泡约24小时,效果更佳。待生根小苗开始生长时移栽或单株上盆,约2年后可开花。南方还有采用水插法繁殖的,即将插穗插在用苇秆编织的圆盘上,任其漂浮在水面上,使其下部在水中生根,再移植栽培。

压条:栀子一般选在4月清明前后或梅雨季节进行压条,4月份从三年生母株上选取一年生健壮枝条,待长至25～30厘米进行压条,将其拉到地面,刻伤枝条上的入土部位,如能在刻伤部位蘸上约200毫克/升粉剂萘乙酸,再盖上土压实,则更容易生根。如有三叉枝,则可选在叉口处压条,一次可得三苗。一般经20～30天即可生根,在6月生根后可与母株分离,至次春可带土分栽或单株上盆。移植苗木或盆栽以春季为好,在梅雨季节进行,需带土球。植株生长期保持土壤湿润,花期和盛夏要多浇水。

【栽培管理】 栀子花盆栽用土大致以40%园土、15%粗砂、30%厩肥土、15%腐叶土配制为宜。栀子苗期要注意浇水,保持盆土湿润,勤施腐熟薄肥。浇水以用雨水或经过发酵的淘米水为好。生长期如每隔10～15天浇1次0.2%硫酸亚铁水或矾肥水(两者可相间使用),可防止土壤转成碱性,同时又可为土壤补充铁元素,防止栀子叶片发黄。夏季,栀子花要每天早晚向叶面喷一次水,以增加空气湿度,促进叶面光泽。盆栽栀子开花后只浇清水,控制浇水量。十月寒露前将栀子移入室内,置向阳处。冬季严控浇水,但可用清水常喷叶面。每年5～7月在栀子生长旺盛期将停止时,对植株进行修剪去掉顶梢,促进分枝萌生,使日后株形美、开花多。

【应用】 栀子花适合栽培于阶前、池畔和路旁,也可作篱或盆栽观赏,花还可做插花和佩带装饰。栀子花、叶、果皆美,花芳香四溢,可以用来熏茶和提取香料;果实可制黄色染料;根、叶、果实均可入药;栀子木材坚实细密,可供雕刻。

二、温室苗圃花卉

1.草本温室苗圃花卉

(1)瓜叶菊

【别名】 瓜叶菊又名千日莲、瓜叶莲、千叶莲。

【科属】 瓜叶菊属菊科瓜叶菊属(千里光属)。

【原产地及分布】 瓜叶菊原产大西洋加那利群岛,目前在我国各地公园或庭院广泛栽培。瓜叶菊花色美丽鲜艳,色彩多样,是一种常见的盆景花卉和装点庭院居室的观赏植物。

图 9-19 瓜叶菊

【形态特征】 瓜叶菊为多年生草本植物,因老株在我国大部分地区不能安全越夏,故作一年、二年生栽培。瓜叶菊全株嫩绿多汁,茎粗壮,成"之"字形,茎上密生白色柔毛;叶大,圆心脏形,似黄瓜叶,边缘具波状锯齿,有时背面带紫色,叶柄粗壮且长,基部成耳状半抱茎;头状花序簇生成伞房状,舌状花在四周,筒状花在中央,花色有粉色、白色、紫色、蓝色及复色。瓜叶菊的花期在12月至翌年4月,种子在5月下旬成熟。

【品种分类】 瓜叶菊的园艺品种极多,大致可分为大花型、星型、中间型和多花型。

【生态习性】 瓜叶菊喜温暖湿润气候,不耐寒冷酷暑与干燥,生长期适合温度为 10~15℃,有的品种花芽分化要求温度为 18℃,一般要求夜温不低于 5℃,日温不超过 20℃。瓜叶菊生长期要求光线充足,日照长短与花芽无关,花芽形成后采取长日照处理可促使瓜叶菊早开花。瓜叶菊对土壤要求不严格,但以含腐殖质的培养土为好。

【繁殖方法】

播种:瓜叶菊应播种一般在 7 月下旬进行,至春节就可开花,从播种到开花约半年时间,也可根据需花的时间确定播种时间,如元旦用花,可选择在 6 月中下旬播种。瓜叶菊在日照时间较长时,可提早生发花蕾,但提早长出的茎细长,植株较小,影响整体观赏效果。提早播种则植株繁茂,花形大,所以播种期不宜晚于 8 月。

扦插或分株繁殖:重瓣品种的瓜叶菊不易结实,可用扦插繁殖。在 1~6 月,剪取瓜叶菊根部萌芽或花后的腋芽作插穗,插于沙中,20~30 天可生根,5~6 个月即可开花,亦可用根部嫩芽进行分株繁殖。

【栽培管理】 盆栽瓜叶菊保持盆土稍湿润,使用一般土壤栽培即可,浇水要浇透,但忌土壤排水不良。瓜叶菊生长期内宜施薄肥,并注意不要使肥料溅到叶面上,并喷施新高脂膜以保肥保墒。瓜叶菊的花期要停止施肥。瓜叶菊忌炎热,生长适温在 10~20℃,在花期内温度可再降低一些,以便延长花期,小苗可经受 1℃ 左右的低温。瓜叶菊在生长期要放在光照较好的温室内生长,开花以后可移置室内欣赏,但每天至少要保证瓜叶菊接受约 4 小时的光照,才能使其花色艳丽,植株健壮。在瓜叶菊的花蕾期喷施花朵壮蒂灵,可促使花蕾强壮、花瓣肥大、花色艳丽、花香浓郁并延长花期。在栽培中要注意经常转换花盆的方向,以使瓜叶菊株形规整。

【花期控制】 1 月份是瓜叶菊的育蕾期。如计划让瓜叶菊在春节期间开花,则从 1 月份起,将昼温控制在 10~15℃,最高不得超过

20℃,夜温不低于 5℃。每天光照时间不少于 3 小时。瓜叶菊喜阳光,在育蕾期如每天光照少于 3 小时,瓜叶菊就不能正常育蕾开花。为防止植株偏冠,可定期把花盆方向调转 180°左右放置,以保证春节始花时是直立植株。在瓜叶菊生长期间,瓜叶菊的需水量和需肥量都在增加,如供水、供肥不足,会造成花蕾小,花色也不好。瓜叶菊开花前应适当增加浇水量,土壤稍干即浇透水。

【应用】 瓜叶菊为温室花卉,是冬春时节主要的观花植物之一。瓜叶菊的盆栽可作为室内陈设,其花期早,花色丰富鲜艳,特别是蓝色瓜叶菊,显得优雅动人。瓜叶菊开花整齐,花形丰满,可陈设室内矮几架上,也可用多盆花排列成行组成图案来布置宾馆内庭、会场或剧院前庭。通常瓜叶菊的观赏期可达 40 天。

(2)君子兰

【别名】 君子兰又名大花君子兰、剑叶石蒜。君子兰的名称是日本理科大学教授大久保立郎在日本明治 52 年以其拉丁名的种名——富贵、高尚、美好的原意而命名的,传入我国后沿用此名。

【别名】 君子兰又名达木兰、剑叶石蒜。

图 9-20 君子兰

【科属】 君子兰属石蒜科,君子兰属。

【原产地及分布】 君子兰原产南非,于 19 世纪 20 年代传至欧洲,在德国、英国、丹麦、比利时等国栽培,1854 年由欧洲传到日本。君子兰传入我国有两个渠道:一个是由日本传入中国长春;另一个是从德国传入中国青岛。

【形态特征】 君子兰为多年生常绿草本植物。君子兰根系粗大;叶基部形成假鳞茎;叶片浓绿色,较宽,呈长带形;花大而直立,通常数朵至数十朵着生在伞形花序上;花漏斗形,直立,橙红色。君子兰的花期为 12 月至翌年 4 月,浆果熟时为紫红色。

【品种分类】 君子兰的主要品种有狭叶君子兰和垂笑君子兰。

狭叶君子兰,又名细叶君子兰;叶狭,少有栽培。垂笑君子兰,根为肉质,少有分枝,灰白色;叶片浓绿,互生,中央肥厚而边缘较薄;花葶自叶丛里抽生;花开时下垂似低头微笑,故称垂笑君子兰;花期较迟,在6～7月开放,花期长达30～50天;浆果为圆形,熟后呈红色。

【生态习性】 君子兰喜温暖湿润而耐半阴环境;要求栽培于排水良好、疏松、肥沃而稍带酸性的壤土;君子兰不耐水湿,忌排水不良和通气性差的土壤;不耐寒冷;对光照要求不严,每天保证有8～10小时日照即可,在低温、弱光处可延长花期10～15天。

【繁殖方法】 君子兰可结合换盆进行分株繁殖,分株宜在3～4月进行,分株时将母株周围产生的脚芽切离,然后将脚芽另行栽培或插入沙中,待脚芽生根后上盆。于君子兰开花时进行人工授粉。君子兰在收到种子后也可以进行播种繁殖,播种后2～3年可开花。

【栽培管理】

换盆:君子兰从幼苗到成株须勤换盆,成年株可隔年换盆,换盆一般在君子兰开花以后进行。

肥水管理:君子兰的肥料以有机肥为主(豆饼、花生饼、骨粉),二年生苗需肥量增加,10天施一次肥,三年至四年生苗可施固体肥,春季为君子兰生长旺季,应多施肥。

株形管理:君子兰应定期转盆,约10天进行一次转盆。

夹箭:"夹箭"指君子兰的花茎过短,未伸出叶片就开花。抽伸花茎时温度低(<15℃),或是缺水、缺肥(尤其是磷肥)易产生夹箭。

日灼:君子兰喜散射光,户外栽培时宜选择遮阴、空气湿润、通风的场所,室内栽培时夏季宜放于北向窗口,防止日灼。

防止烂根及老株复壮:土壤水分过多、盆土通气不良、肥料过浓或有机肥未腐熟易造成君子兰烂根,可用 $KMnO_4$ 处理烂根。

【鉴赏标准】 在鉴赏君子兰的10项主要标准中,"四度"(亮度、细腻度、厚度、刚度)是基础,是高品级君子兰必备的条件,其他六条是在此基础上锦上添花,具备的越多越好,所以这10项标准所占分

第九章 各类苗圃花卉栽培实用技术

值不能平均分配。辅助标准多在各种展览会上评奖时使用。具体分值分配如下。

《中国君子兰》主要标准：亮度：1～11分；细腻度：1～11分；刚度：1～11分；厚度：1～11分；脉纹：1～11分；颜色：1～11分；长宽比：1～11分；头形：1～8分；座形：1～8分；株型：1～8分；合计：100分。

辅助标准：花大色艳、花瓣紧凑、花葶粗壮、高度适中、果实色艳有光泽。1～6分（花、花葶、果实各2分）；无病虫害、无人为和其他因素损伤：4分；合计10分。

这个标准也是经常变化的，但无论怎样变，"四度"已经成为国际上的共识。此外，在这10项指标中如果有一项指标达到兰中之最的程度，此花也是好花。

【评价标准】

君子兰的株形：株形就是一株君子兰的整体形态，也是一株君子兰从远看给人的第一印象。单从株形上就可以进行档次的区分。从优到劣依次为斜立形、平直形、垂弓形、下垂形和环垂形。

君子兰的座形：座形是一株君子兰座基的形状，是叶片下部和叶鞘所组成的假鳞茎的形状。从优到劣依次为元宝座、鱼鳞座、宝塔座、楔形座。

君子兰的叶片头形：叶片头形是一片叶先端的形状，从优到劣依次为半圆形、椭圆形、乳头形、急尖形、渐尖形、锐尖形。

君子兰的叶片长宽比：叶片长宽比指叶片长度和宽度的比。长度是指叶片顶端到叶鞘边缘与叶基连接点的距离，宽度是指叶片横向两边最大处的距离。单独看叶片的长短、宽窄，而不看长宽比是不妥的，长宽比是人们的审美习惯，以3∶1左右为最佳，小于3∶1的君子兰好于大于3∶1的君子兰。

君子兰的叶片刚度：叶片刚度指叶片整体抗弯曲的程度。刚度与硬度有关，刚度强弱则与叶片的长度和厚度相关，叶片的先端、中部、后部的厚度也不尽相同。因此,长叶片和短叶片两株君子兰比较刚度时,则应分别取距顶端 10 厘米处加以比较。叶片刚度越强越好。

君子兰的叶片厚度:叶片厚度指叶片横断面叶肉的厚薄程度。叶片顶部的厚度决定叶片厚度的优劣程度,叶片边缘与中部的厚度差别越小越好。测叶片的厚度应取距叶片顶端 5 厘米处边缘与中部两处厚度的平均值。厚度从优到劣依次为 2.2 毫米、2 毫米、1.8 毫米、1.6 毫米、1.4 毫米和小于 1.4 毫米。

【应用】 君子兰常在华东及长江流域以北地区作室内盆栽、用于布置花坛或作切花。

(3)兰科花卉

【生长习性】 兰科花卉喜欢温暖、高湿、通风透气的环境;不耐涝,耐半阴环境,忌烈日直射。

【生物学特性】

兰科花卉的叶:叶主要的形状有细长线形(春兰)、肥厚呈硬革质(卡特兰)、棍棒状(棒叶万带兰)等。

兰科花卉的茎:茎主要有直立茎、根状茎、假鳞茎(根状茎上长出的新芽,经一个生长季节的生长发育而成)等。

兰科花卉的根:根的形状为圆柱状,有兰菌与其共生。

兰科花卉的花:花有 3 枚瓣化的萼片,3 枚花瓣,其中 1 枚为唇瓣,颜色和形状多变。

兰科花卉的果实和种子:果为开裂蒴果,每个蒴果中有数万至上百万粒种子。

【品种分类】

①常见的国兰:

春兰:叶 4~6 枚,丛生;花单生,少数两朵;花期在 2~3 月。

蕙兰:叶 5~7 枚,丛生;总状花序,着花 5~13 朵;花期在 4~5 月。

第九章　各类苗圃花卉栽培实用技术

建兰:叶 2~6 枚,丛生;花葶直立,着花 5~7 朵;花期在 7~10 月。

墨兰:叶 4~5 枚,丛生;花葶直立,高出叶面,着花 5~17 朵;花期在 9~翌年 3 月。

寒兰:叶 3~7 枚,丛生;花葶直立,花疏生,10 余朵;花期在 11~翌年 1 月。

②常见的洋兰:卡特兰、蝴蝶兰、大花蕙兰、盆花切花、兜兰、碰斗兰、万代兰等。

【繁殖与栽培】

①国兰栽培。

繁殖:分株繁殖:每隔 3~5 年需分株,植株具有假鳞茎。

季节:早春开花类兰花在秋季进行分株,夏季开花类兰花在早春分株,5~8 月不能分株,分株前须控水。

播种繁殖:无菌培养基播种,适宜的温度为 25℃左右,空气湿度为 40%~60%,播种半年至一年后兰花可发芽,8~10 年后开花。

组织培养:以芽为外植体。

用盆:培育用紫砂盆。

盆栽用土:用林下腐殖质.

上盆:具有新芽的部分向着盆沿,建兰、墨兰的盆底排水层要厚。

栽培场所:选择空气流通、清新的地方,要求栽培场所四周多树木和水池。

基本设施:温室、遮阴棚。

浇水:春季加大灌水量,用泥炭、苔藓栽植的兰花数天浇一次水,墨兰、寒兰冬季需水较多。

应用:可用作盆栽或切花。

②洋兰栽培。洋兰栽培以蝴蝶兰为例进行分析。蝴蝶兰于 1750 年被发现,现已发现 70 多个蝴蝶兰的原生种,大多数原产于湿润的亚洲地区。蝴蝶兰在我国台湾、泰国、菲律宾、马来西亚、印度尼西亚

等地都有栽培,其中以我国台湾出产最多。

・形态特征:蝴蝶兰属是著名的切花种类,属单茎性附生兰,茎短,叶大,花茎一至数枚,拱形,花大,因花形似蝶得名。它能吸收空气中的养分而生存,可归入气生兰范畴,是热带兰花中的一个大族。

图 9-21　蝴蝶兰

・常见品种:常见品种如下所述:

小花蝴蝶兰:为蝴蝶兰的变种;花朵稍小。

台湾蝴蝶兰:为蝴蝶兰的变种;叶大,扁平,肥厚,绿色,并有斑纹;花茎分枝。

斑叶蝴蝶兰:别名席勒蝴蝶兰,为通属常见种;叶大,长圆形,长约 70 厘米,宽约 14 厘米,叶面有灰色和绿色斑纹,叶背紫色;花多选 170 多朵;花茎 8~9 厘米,淡紫色,边缘白色;花期在春、夏季。

曼氏蝴蝶兰:别名版纳蝴蝶兰,为同属常见种;叶长约 30 厘米,绿色,叶基部黄色;萼片和花瓣橘红色,带褐紫色横纹;唇瓣白色,3 裂,侧裂片直立,先端截形,中裂片近半月形,中央先端处隆起,两侧密生乳突状绒毛;花期在 3~4 月。

阿福德蝴蝶兰:为同属常见种;叶长约 40 厘米,叶面主脉明显,绿色,叶背面带有紫色;花白色,中央常带绿色或乳黄色。

菲律宾蝴蝶兰:为同属常见种;花茎长约 60 厘米,下垂;花棕褐色,有紫褐色横斑纹;花期在 5~6 月。

滇西蝴蝶兰:为同属常见种;萼片和花瓣黄绿色,唇瓣紫色,基部背面隆起呈乳头状。

・生长习性:蝴蝶兰喜高温、高湿、通风透气的环境;不耐涝,耐半阴环境,忌烈日直射。越冬温度不低于 15℃。

・育种:新品种的育成包括杂交育成、选拔与复制量产。育成一个新品种需要 7~9 年。自交配至形成果荚约要 6 个月,自种子播种制成为实生苗约要1年。自实生苗至开花约要1.5年。使用1支花梗制作组培苗约要2年,自分生苗至开花约要1.5年,此时大概已经过了6.5年。而到此阶段才开始大量复制分生苗。

•栽培管理:生长阶段是自小苗至成熟株的过程。蝴蝶兰开始栽培时,较小型的品种或分级较小的小苗要在另一植床栽培。大型品种与较大等级可放置成方型排列,但是在叶幅开始接触之前要进行疏盆以避免长出又细又长的叶片。在欧洲,蝴蝶兰生长阶段所需植床面积约为总栽培面积的10%。蝴蝶兰在开花阶段进行催花与切花出售。蝴蝶兰有5年的开花期,待植株长出4~5直叶后,重新移植在直径为15~17厘米的盆内。在兰株长至足够大小,而且根系发育健全时,即可作为开花株。

•栽培环境:蝴蝶兰为热带型植物,栽培温度应该维持在15~34℃,生长阶段为26~27℃,开花阶段为19~21℃,为了得到更多的花梗,温度可维持在18~20℃。在光线不足或日温过高时,要维持温度在18℃以加强催花(诱生花芽)作用。因为开花时期也要维持叶片生长,所以低温时期不宜太久。在光线不足时,如果气温大于23℃的时间超过24小时,会导致植株徒长而损失花苞。

光量:蝴蝶兰成长阶段的光量应保持在5000~8000勒克斯;开花阶段为8000~15000勒克斯;在终年阳光普照的地区,蝴蝶兰对光量的需求可提高20%左右。但是要注意光线的折射能力,要保证兰株叶片接受的光照较为均匀。高光量时要维持较高的室内相对湿度。

人工补光:人工补光对叶片温度、微气候、兰苗成长都有益处,并可减少植株的损失。人工补光可促进穴盘小苗快速生长并减少兰株损失;生长阶段加速兰花成长且帮助其发育;开花阶段减少花芽损失,增加蝴蝶兰的品质。在冬季,蝴蝶兰至少需要12~14小时的光照,总光量应达到3500~4000勒克斯,因此适合使用人工光源。在有阳光的天气下使用过量光源将引起蝴蝶兰的叶片转成红色,导致生长停滞。此外兰株至少每天应维持约 8 小时的暗期以确保兰株可吸收到足够的二氧化碳。蝴蝶兰为景天酸代谢植物,在夜间吸收二氧化碳的浓度为 600~800 毫克/升。

相对湿度:蝴蝶兰由于其生理结构可以防止自身在较高湿度环境下受到不利影响,但是在高湿的环境下,高温高湿往往伴随着病害,故蝴蝶兰栽培最适宜的相对湿度范围为 60%~80%;在高温低湿环境下需要增加相对湿度。兰花栽培适用的设备系统包括在温室上方增加雾粒的高压喷雾设备,可在植床下方洒水的水墙与风扇等。

(4)百合

【科属】 百合属百合科百合属。

【生态习性】 百合属百合为秋植球根花卉,性喜冷凉、湿润气候及半阴环境,喜肥沃、腐殖质丰富、排水良好的微酸性沙质壤土,其耐寒忌酷暑,适于开花的温度为 15℃~25℃,温度低于 5℃或高于 30℃,百合的生长就会几近停止。

图 9-22 百 合

【品种分类】

百合的主要品种有:

麝香百合:原产于我国台湾省和日本琉球群岛,其花色洁白,花朵为喇叭形,平伸或稍下垂。麝香百合属高温性百合,性喜温暖而较湿润的环境,忌干冷与强烈阳光,生长适宜温度:昼温为 25~28℃,夜温为 18~20℃,12℃以下生长差,盲花率高。闽南地区百合的自然花期在 4~5 月,促成栽培可使百合周年开花。

亚洲百合:栽培品种由卷丹、垂花、朝鲜百合等多个亚洲原种杂交或选种选育而得。百洲百合花色丰富,有黄色、橙黄色、玫瑰红色、白色以及双色或混合多色带斑点等,花朵较小,多向上开放。亚洲百合生长期较短,种植后 2~3 个月可开花。亚洲百合性喜冷凉湿润气候、半阴环境,以自然日照的 70%~80%为好;生长适温:昼温为 20~25℃,夜温为 10~15℃,5℃以下或 28℃以上生长几乎停止。

第九章 各类苗圃花卉栽培实用技术

东方百合：栽培品种主要来源于我国、日本、印度的原种杂交后代。东方百合花大，向侧面开放；叶片宽短，有光泽；具有特殊香味；生长期比亚洲百合稍长，植后3～4月开花。东方百合的栽培品种较少，颜色有桃红色、红色、紫红色及白色等。东方百合的生长习性类似亚洲百合。

【繁殖方法】　百合繁殖有分球繁殖、鳞片扦插、播种繁殖和组织培养繁殖等繁殖方法。

分球繁殖：地下部鳞茎或接近地面的茎节上会长出许多新鳞茎，待其长大后剥下贮藏或直接盆栽。一般球茎栽种1年后可分生1～3个或更多小球。小球在秋季收获后可沙藏至第二年春天种植，也可在当年秋季栽植于深土。

鳞片扦插：将百合花期的成熟鳞茎切成小段，阴干，或剥下鳞片埋于沙中，插后约30天，自叶腋间长出球茎，再培育成小鳞茎。扦插多在4～5月进行，深度以鳞片顶端略露为宜。一般春插经2～4个月后，大部分鳞片可生根发叶，长出小鳞茎，此时可移植作盆栽或露地种植。

【花期控制】

品种搭配：百合切花的品种很多，依生长期长短可分为早、中、晚花类，播种时3个类型的种球应适当搭配。

分批播种：因为花期受气温、日照、光强度等多种气候因素的综合影响，所以在安排种植期时应考虑不同季节的气候情况。例如，10月中旬前播种的种球因播种时气温较高，故花期较早，而11月上旬后播种的种球因播种时气温较低，故花期较迟。百合多采用分期播种(一般每隔15天左右播种一次)，并结合气候条件变化安排播种量，以保证产花均衡。

补光促花：闽南地区的光照一般可满足百合生长开花的需要。但在冬春季若遇连续阴雨天气，为使百合提早开花，可采用人工照明补光。

切花冷藏保鲜：若因气候原因，造成百合花期提早，而此时市场需求又不旺，可采取冷藏的办法来保鲜。

【栽培管理】

整地做畦：每畦宽1.0～1.2米，长20～40米，畦与畦之间的沟最好深一点，以30～40厘米深为宜，以利排水。两畦之间距离在30厘米左右。

种球收储：百合种球（鳞茎）一般在切花采收后4～6周从土中挖出，经去泥、消毒后阴干。若种球拟留待较长时间后播种，应置冷库低温储藏，以免发芽。

种球解冻：种球宜在5～15℃的条件下缓慢解冻。

种球消毒：栽种前的种球必须经过严格的消毒，以预防病害，为将来植株正常生长作一个良好的开端。种球消毒分为浸种及拌种两种方式。

种植密度：种植密度应根据百合的品种特性、规格大小，综合季节因素来确定。百合一般冬季密植，夏季稀植；种球大则稀植，种球小则密植；枝软的稀植，枝硬的密植。一般留（15～20）厘米×（15～18）厘米的株行距。

种植：依种植密度在畦面横向开沟种植，种球正向上摆种，芽尖与水平线呈90°（芽尖向上）左右，下种时的深度一般为种球高度的3～5倍。浇水后覆土，覆土的厚度：冬天为6～8厘米，夏天为8～10厘米，以能盖住种球顶部为宜，大规格种球（种球直径为18厘米以上）的覆土需适当加厚。种植后整平畦面。

浇水：种植后立即浇水，不能过夜，须保证全部基质都被浇透，使种球与基质充分接触，浇水要均匀。表土应保持湿润。

地表覆盖：在种植后的头3周内，百合主要靠种球提供营养，当茎长出地表后，这些茎根是百合的主要根系。因此，为了利于种球发根，浇水后应在畦面用0.5～1厘米厚的谷壳或锯末作地表覆盖。这些谷壳或锯末在夏天可隔热保湿，在冬天可保温保湿，同时还可防止土壤干燥和土层结构变差。

支撑网：百合栽种后至出苗前须铺设支撑网，支撑网应松紧适中，并且在百合的生长期内，支撑网的高度应随着百合植株长高而同步增高。后期根据百合植株的长势，还可增加支撑杆，防止植株倒伏。

药物处理：用杀菌剂（一般用多菌灵600倍，或者石硫合剂300倍液）于棚内空间及土壤表面均匀喷洒。

【生长期管理】

温度管理：控制地温是前期栽培管理的关键。百合生长期最适宜的土壤温度是12～13℃，如果超过15℃或低于10℃则对根系发育不利，尤其在夏季，保持土温较低是不可缺少的。昼温宜保持在20～25℃，夜温在15～18℃。昼温过高会降低植株的高度，减少每枝花的花蕾数，并产生盲花。夜温低于15℃会导致落蕾，叶片黄化，降低百合的观赏价值。夏季通过通风、喷雾、遮阴等方式降温，冬季则注意加温保温并保证地温在10℃以上。

光照管理：光照管理是控制植株质量的重要条件，光照不足，不利于花芽的形成，光照过强，也会影响切花的质量，一般说来，百合生长需进行遮光处理及采取补光措施来改变光照因素对百合的生长造成的不利影响。百合生长前期遮阴有利于提高植株高度，并保持适合的环境温度。从花蕾分化期（手摸可感到有花蕾，但外观不能见花苞）到花苞长出时是叶烧敏感期，这一段时间应注意光照和湿度变化不能过大。株高20厘米左右至现蕾时，须根据不同的百合品种来选择不同的遮光处理，光照较强时，要求中午12～14点必须遮阴，以免棚内温度过高，造成对植株的伤害。

【切花的采收及采后处理】

开花与采收：百合的采收标准是10以上（含10个）花蕾的植株有3个花蕾着色，5～10个花蕾的植株有2个花蕾着色，5个以下花蕾的植株有1个花蕾着色。过早采收会影响百合花色，花会显得苍白难看，一些花蕾不能开放。过晚采收，会给采收后的处理与包装带来困难，花瓣被花粉弄脏，切花保鲜期大大缩短，影响销售。最好是在早上采收百合，这样可以减少脱水。出于同样的原因，采收的百合在温室中放置的时间应限制在30分钟内。

分级与成束：采收的百合如果不能立即分级与成束，应立即放进清洁的水中，再放进冷藏室。一般采收后，首先应直接按照花蕾数、花蕾大小、茎的长度和坚硬度以及叶子与花蕾是否畸形来进行分级，然后把百合捆绑成束，摘掉黄叶、伤叶和茎基部10厘米以下的叶子。

储藏：百合捆成束后，应直接把百合插在清洁水中。如果温度较高，最好用已预先冷却的水（水温最好在2～3℃）。当百合吸收了充分的水分后，可干储于冷藏室内，但仍以储藏在清洁的水中为宜，且储藏时间越短越好。如果在30℃以上的温室温度下采收百合，即使立即将百合储藏在2～3℃的冷藏室中，有些品种像"皇族"仍会在花瓣的外围出现褐色斑点。

包装与运输：百合应包装在带孔盒子中，以释放乙烯。包装时要确保百合装在干燥的盒内，这样可防止切花过热及真菌的繁殖。百合切花在运输时，运输环境应保持2～3℃的低温。

(5)郁金香

【科属】 郁金香是百合科郁金香属的具鳞茎草本植物，又称洋荷花、旱荷花、草麝香、郁香、红蓝花、紫述香等。

【原产地与分布】 郁金香的原产地从南欧、西亚一直到东亚的我国东北一带，为人所熟知的郁金香出口大国荷兰初次引进郁金香是在16世纪末。郁金香的花期因生长地区纬度不同而各异，一般多集中在3月下旬至5月上旬。虽然全世界约有2000多个郁金香品种，但得以大量生产的大约只有150种。

【形态特征】 郁金香为多年生草本植物，鳞茎扁圆锥形，具棕褐色皮，茎叶光滑被白粉；叶3～5枚，长椭圆状披针形或卵状披针形；花单生茎顶。郁金香的花期一般在3～5月，有早、中、晚之别。

第九章 各类苗圃花卉栽培实用技术

【生态习性】 郁金香冬季喜温暖、湿润环境,夏季喜凉爽、稍干燥环境;宜栽培在向阳或半阴环境;适合在富含腐殖质、排水良好的砂质壤土上种植,忌低温、黏重土壤;耐寒性强,冬季球根可耐−35℃的低温,但生根需要5℃以上的气温,生长期适温为15~18℃,花芽分化适温为17~23℃,气温超过35℃时,郁金香的花芽分化受抑制。

图9-23 郁金香

【种球选择】 发育成熟的郁金香种球,其开花与种球大小有关,种球越大开花率越高。生产上常把郁金香的种球分为5级:直径3.5厘米以上为1级种球,开花率在95%以上;直径3.1~3.4厘米为2级,开花率60%~80%;直径2.5~3.0厘米为3级;直径1.5~2.4厘米为4级;直径1.4厘米以下为5级。通常情况下,3级以下的种球需经过1年的种植才能形成开花的母球,生产上常选择品质较好的1、2级种球进行培育。

【栽培箱及栽培基质】 一般常用栽培箱的规格为60厘米×40厘米×18厘米,箱内深度至少有8.5厘米,种球以下至少有4.5厘米左右的基质,一定厚度的基质不但可以支撑球体,还可防止因浇水过多引起种球窒息和基质中氧气减少,起到缓冲作用。另外,箱子底部应有一定的通透性(空隙不能大于2毫米),两层的间隙最好为10~11厘米,栽植前需对箱子进行清洗和消毒处理。

郁金香的栽培基质选用泥炭和沙子的混合物,pH要求为6~7,普通配方为:50%~60%的黑色泥炭,30%~40%的泥炭藻,再混入10%~15%粗沙,并且无病菌。种植前需浇透水,浇水量以基质握在手中有水分出现但不成滴为宜。种球种植时芽端向上排列整齐,种植密度依品种、规格而定,通常为100株/箱。

【温室空间的利用】 种植箱通常放在各种材料组成的苗床上,一般两侧苗床宽60厘米左右,其后苗床宽120厘米左右,苗床高65

厘米左右,走道宽 45~50 厘米。在一间标准的温室内,这种规格的苗床对空间的利用率约 70%,若使用可移动苗床,温室的利用率可达 85%。假定温室面积为 500 米^2,空间的利用率为 75%,则可放置 1500 个种植箱。

【温度和水分】 一般在每年 9 月 15 日前,必须对干球进行冷处理,之后对种植后的种球进行冷处理,并保证至少有 6 周的冷处理时间。冷处理适应阶段所需温度为 18~20℃。郁金香温室栽培大多采用喷淋系统和滴灌系统。喷淋系统适用于栽培的起始阶段,但随着作物的生长,用该方法易产生病害,同时硬水滴会在植株的叶片上留下痕迹。可将喷淋管高度降低到作物高度以下以避免以上问题的发生。使用滴灌可保持植株地上部分干燥,减少病害的发生,但操作起来较费工。

郁金香对缺水非常敏感,浇水量的多少取决于浇水时间、方法和数量。适宜的浇水量可防止盲花、倒伏和茎中空,以及水分外渗和木霉菌的危害。一般每星期浇水 3~4 次,土壤应始终保持湿润状态。若发现病株,应及时清除,防止病害蔓延。

【采收】 当花苞开始着色时即可采收,达尔文杂交种在花苞有部分着色时即可带球整株采收,采收时花苞应当还未展放,这样有利于储藏和运输,采收后应尽快放到冷库中储存起来,要求植株竖直放立,并使植株间的温度很快降下来,待温度降下来之后可以进行捆束加工,可用切种球机或锋利的刀切去种球。在捆束时花要分级,花头须整齐,茎基部要切去一些。郁金香在包装时,捆束不能过紧,位置不能太高,否则会损伤叶片。

【保鲜处理】 捆束好的郁金香应在 1~5℃的冷水中放置 30~60 分钟,之后可储存在温度为 1~5℃、相对湿度约为 90% 的冷库中。此时花苞不能存有水滴,否则水滴中的灰霉菌有可能会萌发,并在花叶上产生类似"灼伤"的斑点。若水珠不可避免,应降低冷库所设定的相对湿度,但这样会降低花的品质。在冷库中储存花的时间应尽可能短,最长不超过 3 天。处理好的郁金香可适时上市。

【应用】 郁金香可用作切花、盆栽或作为花境、花坛的观赏花卉。

2. 木本温室苗圃花卉

(1) 山茶花

【别名】 山茶又名华东山茶、川山茶、耐冬。

【科属】 山茶属山茶科,山茶属。

【原产地】 山茶原产我国和朝鲜、日本等国。

【形态特征】 山茶为常绿阔叶灌木或小乔木,枝平滑,灰白色;叶椭圆形、卵形或卵状椭圆形,基部楔形乃至圆形,革质,缘具细锯齿;花瓣 5 枚,呈阔圆形、圆形或阔椭圆形,花红色、稀白色;子房表面光滑。山茶的花期在 2~4 月,果熟期在 10 月。

图 9-24 山茶花

【品种分类】 根据花瓣的多少可将山茶分为 3 大类:

单瓣类:花瓣 5~7 枚。

半重瓣类:花瓣 3~5 轮排列,花瓣一般在 20 枚左右,最多的有 50 枚(包括雄蕊瓣化)。

重瓣类:花瓣在 50 枚以上,雄蕊大多瓣化。

【生态习性】 山茶性喜温暖、湿润及半阴的环境,不耐烈日曝晒,过冷、过热、干燥、多风的环境不宜栽培山茶。栽培山茶需疏松、肥沃、腐殖质丰富、排水良好的酸性土壤,土壤的 pH 以 5~6 为宜。

【繁殖方法】

播种:山茶种子成熟后要即采即播或低温沙藏至翌年早春,在干燥状态下种子极易丧失发芽力。

扦插:山茶扦插一般在 4~6 月间进行,采取二年生半硬枝条,上端留顶芽及侧芽各 1 个,仅留 2~3 枚叶,扦插于室内沙或珍珠岩的苗床上,30~60天可生根。

压条:山茶可采用高枝压条法,通常在5~10月间进行压条。

嫁接:山茶可在每年4月上旬选用实生苗做砧木,接穗可选用2年至3年生,长30~40厘米的枝条。靠接适期在5~6月。

【栽培管理】 山茶施肥宜淡忌浓。因山茶生长较慢,故不宜多修剪,只需将病虫枝、过密过弱枝、徒长及扰乱树形枝剪除即可。蕾期将其下部的侧蕾摘掉,供花发育。山茶花容易受到蚜虫、蚧壳虫、卷叶蛾等害虫的危害。

【应用】 山茶可作盆栽观赏;在园路两侧列植作绿篱;散植于草坪中、疏林下、庭院中的门旁、屋角或花坛周边;也可建立专类园。

(2)八仙花

【别名】 八仙花又名绣球、粉团花、草绣球、紫绣球、紫阳花。

【科属】 八仙花属虎耳草科八仙花属。

【原产地与分布】. 八仙花原产日本及我国四川一带。1736年引种到英国。

图9-25 八仙花

荷兰、德国和法国栽培比较普遍,我国栽培八仙花的时间较早,现代公园和风景区都成片栽植,形成景观。

【形态特征】 八仙花属灌木,高1~4米;茎常于基部发出多数放射枝而形成一圆形灌丛;枝圆柱形,粗壮,紫灰色至淡灰色,无毛,具少数长形皮孔;叶纸质或近革质,倒卵形或阔椭圆形,边缘于基部以上具粗齿,两面无毛或仅下面中脉两侧被稀疏卷曲短柔毛,脉腋间常具少许髯毛;伞房状聚伞花序近球形,直径8~20厘米,具短的总花梗,分枝粗壮,近等长,密被紧贴短柔毛,花密集,多数不育,颜色有粉红色、淡蓝色和白色。

【生态习性】 八仙花喜温暖、湿润和半阴环境;生长适温为18~28℃,冬季温度不低于5℃。八仙花栽培要避开烈日照射,以60%~

70%遮阴最为理想。土壤以疏松、肥沃和排水良好的砂质壤土为好,土要保持湿润,但浇水不宜过多,特别在雨季要注意排水,以防止植株受涝引起烂根。

【繁殖方法】

分株繁殖:分株繁殖宜在早春萌芽前进行。将已生根的枝条与母株分离,直接盆栽,浇水不宜过多,在半阴处养护,待萌发新芽后再转入正常养护。

压条繁殖:压条繁殖在芽萌动时进行,30天后可生长,翌年春季与母株切断,带土移植,当年可开花。

扦插繁殖:扦插繁殖在梅雨季节进行。剪取顶端嫩枝,长20厘米左右,摘去下部叶片,插入土中,扦插适温为13~18℃,插后15天左右生根。

组织培养法繁殖:以休眠芽为外植体,经常规消毒后接种在添加6—苄氨基腺嘌呤0.8千克/升和吲哚乙酸2.0千克/升的MS培养基上,培育出不定芽。待苗高2~3厘米时转移到添加吲哚乙酸2.0千克/升的1/2 MS培养基上,长成完整小植株。

【栽培管理】 八仙花喜温暖、湿润环境,不耐干旱,亦忌水涝;喜半阴环境,不耐寒,适宜在肥沃、排水良好的酸性土壤中生长。土壤的酸碱度对八仙花的花色影响非常明显,土壤为酸性时,花呈蓝色;土壤呈碱性时,花呈红色。八仙花以栽培于酸性(以pH 4~4.5为宜)土壤中为好。八仙花的根为肉质根,浇水不能过多,忌盆中积水,否则会引起烂根。夏季天气炎热,蒸发量大,除浇足水外,还要每天向叶片喷水。八仙花喜肥,生长期间,一般每15天左右施一次腐熟的稀薄饼肥水。

【花期控制】 春节前后上市的花期调控:八仙花只需调控温度,即能调控花期。生长适宜温度:14~28℃。花芽分化温度:0~10℃。处理:0~2℃低温处理4~6周(进行花芽分化)——5℃低温处理1周——10℃处理1周(催花过渡期)——春节前60~70天在15~

18℃下催花。

【应用】 八仙花可作盆花、切花或用于庭院、绿篱、阴地地被。

(3) 一品红

【别名】 一品红又名象牙红、老来娇、圣诞花、圣诞红、猩猩木。

【科属】 一品红属大戟科大戟属。

【原产地与分布】 一品红原产于中美洲墨西哥塔斯科地区,目前一品红被广泛栽培于热带和亚热带,我国绝大部分省区市在温室中均有栽培。

图 9-26 一品红

【形态特征】 一品红为常绿灌木,高50～300厘米,茎叶含白色乳汁;茎光滑,嫩枝绿色,老枝深褐色;单叶互生;杯状聚伞花序,每一花序只有1枚雄蕊和1枚雌蕊,其下形成鲜红色的总苞片,呈叶片状,色泽艳丽,是观赏的主要部位。一品红的"花"由形似叶状、色彩鲜艳的苞片(变态叶)和中上部叶片组成,真正的花则是苞片中间一群黄绿色的细碎小花,不易引人注意。果为蒴果,果实在9～10月成熟,花期从12月至翌年3月。

【品种分类】 根据苞片颜色可将一品红分为一品红、一品粉、一品白等类型。一品红的常见品种有金奖、旗帜、阳光等。金奖具椭圆深绿叶片,鲜艳亮红苞片,株型紧凑,不使用生长剂也能长成很漂亮的冠面,适应地域广,感应期为6.5～7周。旗帜叶片为深绿色,红色苞片,株型紧凑,分枝性好,不需很强的生长抑制剂,冠面整齐,感应期为7～7.5周。阳光的叶片为深绿色,鲜艳亮红苞片,株型紧凑,根系发达,枝条健壮,分枝性好,出芽数量多而且整齐,长势比金奖略快,感应期为7～7.5周。

【生态习性】 一品红喜温暖、湿润及有充足光照的环境,不耐低温,为典型的短日照植物,强光直射及光照不足均不利其生长;忌积水,向光性强,对土壤要求不严,但以微酸性的肥沃、湿润、排水良好

第九章　各类苗圃花卉栽培实用技术

的砂壤土最好；耐寒性较弱，华东、华北地区温室栽培，必须在霜冻之前移入温室；冬季室温不能低于5℃，以16～18℃为宜。一品红极易落叶，温度过高过低，土壤过干过湿或光照太强太弱都会引起落叶。

【繁殖方法】　一品红繁殖以扦插为主，用老枝、嫩枝均可扦插，但枝条过嫩则难以成活，一般多在2～3月间选择健壮的一年生枝条，剪长8～12厘米作插穗。为了避免乳汁流出，剪后立即浸入水中或沾草木灰，待插穗稍晾干后即可插入排水良好的土壤中或粗沙中，土面留2～3个芽，保持湿润并稍遮阴。在18～25℃温度下一品红经过2～3周可生根，再过约2周可上盆种植或移植。小苗上盆后要给予充足的水分，置于半阴处1周左右，再放到阳光充足处养护。

【栽培管理】　一品红喜疏松、排水良好的土壤；喜温暖怕寒冷。9月下旬后要放入室内，并加强室内通风，使植株逐渐适应室内环境，冬季室温应保持在15～20℃。此时正值一品红苞片变色及花芽分化期，若室温低于15℃，则花、叶发育不良。

一品红喜光，向光性强，属短日照植物。一年四季均应得到充足的光照，光照在苞片变色及花芽分化、开花期间显得更为重要。如光照不足，枝条易徒长、感染病害，花色暗淡。一品红如果长期放置阴暗处，则不开花，冬季会落叶。

除上盆、换盆时加入有机肥及马蹄片作基肥外，在一品红生长开花季节，每隔10～15天应施一次稀释5倍充分腐熟的麻酱渣液肥。入秋后，还可施用约0.3%的复合化肥，每周施一次，连续3～4次，以促进苞片变色及花芽分化。

一品红不耐干旱，又不耐水湿，所以浇水要根据天气、盆土和植株生长情况来确定，一般浇水以保持盆土湿润又不积水为度，但在开花后要减少浇水。

待一品红枝条长20～30厘米时开始整形作弯，其目的是促使株形矮化，花头整齐，均匀分布，提高植物的观赏性。在栽培过程中，均需使用植物生长调节剂对植株高度进行矮化处理，以达到商品花高度一致的要求。

【花期控制】 一品红是短日照植物,在日短夜长的情况下,花芽开始分化,进入生殖生长时期。短日照处理的目的在于使一品红提前开花,达到创收的目的。一般来说短日照处理的方法大同小异,在栽培中采用的是蒙黑布遮光处理,在荫棚里面大约2米高处用竹子横竖连接,把黑布盖上即可。黑布遮光期间要注意如下几个问题:

处理黑布的时间:花的品种不同,处理的时间也不同,一般来说,要提前60～70天处理,若要在国庆期间销售一品红,则在7月5日～7月20日就要开始处理,处理时苗的高度一般要在12～15厘米为好,高度低于10厘米的,不宜处理。

温度的调节:因为7～9月正值夏季,温度比较高,黑布一盖,温度会骤升,处理不好时会造成植株徒长,而使花期延迟,最好在温室内悬挂温度计,早期的温度控制在23～28℃,中后期的温度控制在19～22℃,若条件不允许,可通过通风设备或水帘来降低室内温度。

每日处理时间的调节:黑布处理时间不能太长,也不能太短,一般每日处理的时间控制在3～4小时为宜,可选择清晨5～7点和下午5～7点来进行黑布处理,因为这段时间的温度比较低,不会造成植株徒长。

处理期间注意矮化:处理时如果温度高则易导致植株徒长而使花期推迟,所以在处理时要视植株的生长情况使用矮化剂,每10～15天可用矮化剂处理一次,但浓度不能太高,以1000～2500倍为宜,另外,在叶片见红后就不能随便使用矮化剂,除非植株徒长得很厉害。使用矮化剂时须保证温室内光照、通风情况良好。

肥水的管理:浇水要根据植株的生长情况、介质的干湿程度以及室温而定,最好每天早晚喷一次水。在肥料管理方面,每10～15天灌一次稀薄肥,每星期喷一次叶面肥。

【应用】 一品红开花期间适逢圣诞节,故又称"圣诞红"。一品红是一种适合祝福的花,尤其是它红而大的叶子,极具喜气。

参考文献

[1] 华晓颖,雷家军. 花卉栽培技术[M]. 沈阳:东北大学出版社,2010.

[2] 王贵淼. 花卉栽培实用技术(花卉篇)[M]. 宁波:宁波出版社,2006.

[3] 杜纪格,王尚堃,宋建华. 花卉果树栽培实用新技术[M]. 北京:中国环境科学出版社,2009.

[4] 杜方. 商品花卉栽培实用技术[M]. 北京:中国社会出版社,2008.

[5] 贾稊. 农家花卉栽培技术[M]. 北京:中国农业出版社,2006.

[6] 柏玉平,陶正平,王朝霞. 花卉栽培技术[M]. 北京:化学工业出版社,2009.

[7] 张树宝. 花卉生产技术[M]. 重庆:重庆大学出版社,2006.

[8] 徐明慧. 花卉病虫害防治[M]. 北京:金盾出版社,2006.

[9] 罗镪. 花卉生产技术[M]. 北京:高等教育出版社,2005.

[10] 陈红武,曹轩锋. 花卉基本生产新技术[M]. 杨凌:西北农林科技大学出版社,2005.

[11] 夏春森,朱义君,等. 名新花卉标准化栽培[M]. 北京:中国农业出版社,2005.

[12] 北京林业大学园林系花卉教研组. 花卉学[M]. 北京:中国林业出版社,2003.

[13] 曹春英. 花卉栽培学[M]. 北京:中国农业出版社,2001.

[14] 卢思聪,石雷. 大花蕙兰[M]. 北京:中国农业出版社,2004.

[15] 朱根发,胡松华. 龙血树·朱蕉[M]. 北京:中国林业出版社,2004.

[16] 吴少华. 园林花卉苗木繁育技术[M]. 北京:科学技术文献出版社,2004.

[17] 黄定华. 花卉花期调控新技术[M]. 北京:中国农业出版社,2003.

[18] 胡松华. 年宵花卉栽培与选购实用指南[M]. 北京:中国林业出版社,2003.

[19] 陈发棣,房伟民. 城市园林绿化花木生产与管理[M]. 北京:中国林业出版社,2003.

[20] 陈明莉. 年宵盆花生产技术[M]. 北京:中国农业科学技术出版社,2007.

[21] 薛麒麟,郭继红,郭建平. 切花栽培技术[M]. 上海:上海科学技术出版社,2007.